农业科研项目经费预算编制实务

刘瀛弢　编著

中国农业科学技术出版社

图书在版编目（CIP）数据

农业科研项目经费预算编制实务 / 刘瀛弢编著 . —北京：中国农业科学技术出版社，2018. 3
ISBN 978-7-5116-3450-4

Ⅰ. ①农… Ⅱ. ①刘… Ⅲ. ①农业科学-科研项目-科技经费-预算管理-研究-中国 Ⅳ. ①S-36

中国版本图书馆 CIP 数据核字（2017）第 321719 号

责任编辑 穆玉红
责任校对 贾海霞

出 版 者 中国农业科学技术出版社
北京市中关村南大街 12 号 邮编：100081
电　　话 (010)82106626(编辑室) (010)82109702(发行部)
(010)82109709(读者服务部)
传　　真 (010)82106625
网　　址 http://www.castp.cn
经 销 者 新华书店北京发行所
印 刷 者 北京富泰印刷有限责任公司
开　　本 787mm×1092mm 1/16
印　　张 16
字　　数 360 千字
版　　次 2018 年 3 月第 1 版 2018 年 3 月第 1 次印刷
定　　价 45. 00 元

《农业科研项目经费预算编制实务》

编著委员会

主任：刘瀛弢

撰稿：刘瀛弢　姜　昊　李　锋

审稿：杨　鹏　刘录祥　韩雪松　张卫平　贺　勇
张　莹　李国荣　丁小霞　高　菁　隋德才
李　谊　高文洪　石明桢　李　胜　刘蓉蓉
翟　琳　黄丹丹　刘赟清　杨海峰　舒　帆
方小富　陈淑梅　王　琨　虞从映　王润雷
虞　涛　李玉杰　利　斌　周丽滔　邵世才
陈金强　毛世平　高　军　管明军　曲永义

审校：王　琨　王　佳　贺　勇

前　言

党的十八届三中全会确定了我国新时期全面深化改革的决定，明确提出深化财税体制改革要求。随着新预算法颁布实施和《国务院关于深化预算管理体制改革的决定》（国发〔2014〕45号）发布，对预算编制管理提出新的要求。加强预算编制管理，提升预算编制业务水平，提高预算编制的科学性、完整性、规范性和有效性，确保预算工作顺利开展，是贯彻落实预算管理体制改革，建立全面规范、公开透明的现代预算制度的重要基础。

近年来，国家出台了《国务院关于改进加强中央财政科研项目和资金管理的若干意见》（国发〔2014〕11号）、《关于进一步完善中央财政科研项目资金管理等政策的若干意见》（中办发〔2016〕50号）等一系列有关科研经费管理改革的政策文件，从经费比重、开支范围、科目设置等方面提出了一系列“松绑+激励”的措施，激发科研人员创新创造的动力，也进一步对科研经费预算编制工作提出了更新、更高的要求。

为了适应当前科研经费管理和预算编制改革形势发展的需要，我们专门组织人员编写了这本指导研究所和科研人员编制项目预算的书籍，供广大科研人员在项目申报和预算申请时参考使用。本书侧重介绍了关于科研经费预算编制的基本知识、预算编制要点及常见问题，以及项目申报中的具体实践。本书以中国农业科学院为例，列举了农业科研常见的项目的申报模板，以供科研人员在实际操作中参考。本书凝聚了有关财务管理专家、科研管理专家以及相关项目主持人的共同智慧。为保护相关项目主持人的利益，书稿对一些文件做了适当删除和匿名处理。

预算编制是一项复杂的系统工程，由于编者能力、水平有限，时间仓促，难免有不足之处，恳请各位同仁批评指正。

作　者

2017年11月

目　录

第1章　科研项目经费预算编制概述

科研项目经费预算编制是科学规划科研项目，争取科研项目经费保障的基础，是保证项目研究工作顺利开展的前提。本章阐述了科研经费预算编制的内涵，对科研经费预算进行了类型划分，说明了各部门的职责分工，并指出在预算编制中存在的问题以及国家关于科研项目预算编制的改革变化。

1.1　科研项目经费预算编制的内涵

1.1.1　科研项目经费预算编制的含义

科研项目经费是指科研项目组织实施过程中用于与研究活动相关的、由专项经费支付的各项费用。

科研项目经费预算编制是指科研单位在申报科研项目（课题）时编写经费筹措和支出计划的预算活动，对项目（课题）实施周期内项目（课题）任务实施所需总费用进行事前测算。

1.1.2　科研项目经费预算编制的作用

科研项目经费预算编制工作是整个项目（课题）研究的重要基础，是预算评审的重要依据。预算是项目执行、决算、监督、验收、审计的重要根据，对科研项目的实施具有很强的约束力。科学合理的编制科研项目经费预算，不仅可以为争取科研经费奠定基础，有助于整个项目（课题）申报成功，而且对于合理筹集、分配和使用资金，促进科研任务的圆满完成具有十分重要的现实意义。

1.2　科研项目经费类型划分

1.2.1　配置方式

按照预算配置方式，科研经费可以分为竞争性资助经费和稳定性支持经费（注：竞争性和稳定性经费范围，对于不同的经费使用者来说，竞争与稳定性有不同的范围划分，本手册提出的经费范围划分方式，仅供科研人员参考）。

竞争性资助经费采用以竞争性方式立项、项目（课题）负责人负责项目执行和经费使用的项目资助与管理方式。竞争性资助经费通过专家评议，择优支持，有固定的资助期限。例如，国家五类科技计划（重大专项、重点研发计划、基金等）、国家社科基金以及地方的各类科技计划等。

稳定性支持经费以稳定资助为原则，通过财政资金对从事科研活动的机构、团队给予长周期、稳定性支持。稳定支持经费根据预算，从中央财政划拨到各个拥有公立科研机构的部门，由部门自主决定配置方式，经由各层体系层层划拨至下属机构的项目负责人。例如，现代农业产业技术体系、中国农业科学院创新工程、基本科研业务费以及国家重点实验室、科技基础条件平台专项运行费等。

竞争性资助经费和稳定支持经费的比较见表 1.1。

表 1.1　竞争性资助经费和稳定支持经费的比较

类　型	申报方式	申报对象	优　势	劣　势
竞争性	竞争申请	符合申报要求的科研人员	有利于调动科研人员积极性，利用好有限的科技经费投入	科研人员花费太多精力用于申报、验收、结题等环节
稳定支持	计划指令申报	特定科研机构或科研人员	创造宽松、良好的研究氛围，科研人员潜心科技创新工作	缺乏竞争和同行评审，需要建立一定的考核体系

1.2.2　功能作用

科研项目经费从功能作用上看，可以分为运行保障、条件建设、重大战略、创新发展、自主研究等类型*。

运行保障类主要是保障科研机构或特定科研设施的基本运转等，如重大科研设施运转费。

条件建设类主要是支持科研设施设备的购建，包括大科学工程、修缮购置专项、国家重点实验室仪器设备购置费等。

重大战略类主要是支持针对国家经济、社会、科技等重大需求，集中领域内所有重要科研力量，解决重大瓶颈问题。如国家科技重大专项、国家重点研发计划、国家自然科学基金重大项目等。

创新发展类主要支持促进农业发展的技术研发及应用，包括现代农业产业技术体系专项以及示范推广方面的财政专项经费。

自主研究类主要是支持科研单位自主开展选题研究，包括中国农业科学院创新工程、中央级公益性科研院所基本科研业务费等。

---

* 注：就某一种科研项目而言，可能有几种功能作用，本手册按照其主要功能作用进行划分，仅供科研人员参考

1.3　科研项目经费预算编制的职责分工

1.3.1　项目承担单位的职责

项目（课题）承担单位是经费使用和管理的责任主体，承担项目预算编制的组织领导责任。承担单位作为法人，应当按照项目（课题）申报指南和预算编制有关要求，调动各相关部门分工协作，组织优势科研力量参与，合理配置研发资源，共同编制完成预算。

1.3.2　项目负责人的职责

项目（课题）负责人是经费使用的直接责任人。项目（课题）负责人和课题组成员根据实际科研任务需要，编制填报科研经费预算，并对经费支出的合规性、合理性、真实性和相关性承担责任。

1.3.3　科研管理部门的职责

项目（课题）承担单位的科研管理部门牵头负责科研项目（课题）经费审核管理，指导项目（课题）负责人，结合项目目标任务对所列支出的相关性、合理性进行把握。

1.3.4　财务管理部门的职责

项目（课题）承担单位的财务管理部门主要负责对相关财务制度、经费开支范围及标准进行把握，和科研管理部门共同指导项目（课题）负责人编制科研经费预算，确保资金安全、合理使用。

1.4　农业科研项目经费预算编制存在的问题

1.4.1　重视程度不足

在申报项目过程中，科研人员往往把精力主要放在项目申报书的撰写上，对科研相关的研究内容、技术、政策等比较关注，而对经费预算的重要性、严肃性认识不够，存在“重立项申报，轻预算编制”现象。在编制项目预算时，没有做好细致的准备，随意性较强，甚至出现预算编制与研究内容相脱节。

1.4.2　政策掌握不全面

一些项目（课题）负责人及课题组，对科研经费预算编制要求、项目管理办法和财务管理的规章制度等掌握不全面，没有深入了解项目类型、支持重点、经费使用范围等，主要凭经验估计编制科研经费预算，以致造成与执行脱节，造成违规支出经费。

目前，科研项目经费预算处在改革的探索期，正在从严格经费管理向“放管服”

相结合理念调整过程中，相关政策和配套制度在不断调整和改进完善，对科研和财务人员提出了更高的要求。

1.4.3 编制水平不高

项目（课题）负责人在预算编制中，没有按照实际情况和标准细化项目各项支出范围，也没有详细说明各项经费支出的主要用途和测算依据，对支出的文字性说明过于简单和含糊其辞，与项目的相关性说明力度不够，测算依据说明比较笼统，没有列示具体的计算方法和公式，甚至出现测算依据不符合政策要求，费用开支不够经济合理等现象。

1.4.4 缺乏组织配合

预算编制同时涉及科研领域和财务领域的专业知识，需要项目（课题）负责人及课题组、科研管理部门、财务管理部门共同完成。但是在现实中科研管理部门主要关注于项目的申报立项及科研业务管理等，财务部门更多关注于科研经费的下拨及日常收支核算，三方缺乏协调配合，科研经费预算多由负责人独自编制。

1.4.5 存在虚假配套

有些科研项目要求配套自筹经费，并且必须达到一定的比例才予以立项支持。在现实中，项目（课题）负责人为了申请到经费，不考虑现有综合实力，盲目承诺配套资金或随意填报自筹经费，造成资金落实困难。

1.4.6 农业科研的特殊性体现不足

农业科研具有周期长、季节性、复杂性等特点，受到自然环境等不可控因素的影响较大。农业的特殊性和农业科研的特殊性决定了在预算申请时，很难准确把握农业科研全程中的需求，也很难预测可能发生的个中变数，诸多客观因素造成预算编制与执行的差异较大。

1.5 科研项目经费管理的改革发展

1.5.1 改革的背景

党的“十八大”以来，党中央、国务院对创新驱动发展、科技创新高度重视，先后印发了《中共中央 国务院关于深化科技体制改革加快国家创新体系建设的意见》（中发〔2012〕6号）、《中共中央国务院关于深化体制机制改革加快实施创新驱动发展战略的若干意见》（中发〔2015〕8号），有力激发了创新创造活力，促进了科技事业发展，但也存在一些改革措施落实不到位、长期形成的、尚未解决的问题。

为贯彻落实中央关于深化改革创新、形成充满活力的科技管理和运行机制的要求，进一步完善中央财政科研项目资金管理等政策，解决当前中央财政科研项目经费存在的突出问题，国家对经费管理进行全面规范，先后出台了《国务院关于改进加强中央财政科研项目和资金管理的若干意见》（国发〔2014〕11 号）、《国务院印发关于深化中央财政科技计划（专项、基金等）管理改革方案的通知》（国发〔2014〕64 号）、《中共中央办公厅 国务院办公厅〈关于进一步完善中央财政科研项目资金管理等政策的若干意见〉的通知》（中办发〔2016〕50 号），进一步完善中央财政科研项目资金管理，推进科研项目资金管理改革。

1.5.2　改革的主要内容

本次改革将实行公开竞争方式的近百项中央财政科技计划（专项、基金等），包括经党中央、国务院批准设立的 35 项，全部整合到新的五类科技计划中，中央财政科技计划数量大幅减少。经过三年的改革过渡期后，全面按照优化整合后的五类科技计划运行，不再保留原有科技计划的经费渠道；建立起完备的科技计划和资金管理制度；政府部门、项目承担单位和专业机构依规开展科研活动和管理业务。

目前，科研经费管理特别是科技计划经费管理处于改革前后有关资金管理政策衔接的时期，新出台文件中有关预算编制管理的主要变化见表 1.2。

表 1.2　近年来有关科研经费管理的改革文件及主要内容

序　号	文　件	文　号	印发时间	有关经费预算编制管理的变化
1	《国务院关于改进加强中央财政科研项目和资金管理的若干意见》	国发〔2014〕11 号	2014 年 3 月 3 日	（1）规范项目预算编制 项目申请单位应当按规定科学合理、实事求是地编制项目预算，并对仪器设备购置、合作单位资质及拟外拨资金进行重点说明 相关部门要改进预算编制方法，完善预算编制指南和评估评审工作细则，健全预算评估评审的沟通反馈机制 （2）及时拨付项目资金 （3）规范直接费用支出管理 （4）完善间接费用和管理费用管理 （5）改进项目结转结余资金管理办法 （6）完善单位预算管理办法
2	《国务院印发关于深化中央财政科技计划（专项、基金等）管理改革方案的通知》	国发〔2014〕64 号	2014 年 12 月 3 日	整合形成五类科技计划（专项、基金等）。国家自然科学基金、国家科技重大专项、国家重点研发计划、技术创新引导专项（基金）、基地和人才专项等

（续表）

序　号	文　件	文　号	印发时间	有关经费预算编制管理的变化
3	《关于进一步完善中央财政科研项目资金管理等政策的若干意见》	中办发〔2016〕50号	2016年7月31日	（1）简化预算编制科目，下放调剂权限。将直接费用中会议费、差旅费、国际合作与交流费合并为一个科目，合并后的总费用不超过直接费用的10%的，不需要提供预算测算依据 （2）提高间接费用比重，加大绩效激励力度。核定比例可以提高到不超过直接费用扣除设备购置费的一定比例：500万元以下的部分为20%，500万~1 000万元的部分为15%，1 000万元以上的部分为13%；取消绩效支出比例限制 （3）明确劳务费开支范围，不设比例限制 （4）改进结转结余资金留用处理方式 （5）下放差旅会议费管理权限 （6）建立健全科研财务助理制度
4	《国家重点研发计划资金管理办法》	财科教〔2016〕113号	2016年12月30日	根据国家重点研发计划特点，从预算编制到执行、结题验收到监督检查，全过程、全方位地提出了资金管理的要求，明确了《办法》制定的目的和依据、重点研发计划资金支持方向、管理使用原则和适用范围，就重点专项概预算管理、项目资金开支范围、预算编制与审批、预算执行与调剂、财务验收、监督检查等具体内容和流程、职责做了明确规定
5	《关于进一步做好中央财政科研项目资金管理等政策贯彻落实工作的通知》	财科教〔2017〕6号	2017年3月3日	（1）督促落实内部管理办法 （2）完善内部信息公开制度 （3）细化、完善劳务费和间接费用管理 （4）加强结余资金统筹管理 （5）做好在研项目政策衔接 （6）规范会计师事务所开展的财务审计

第2章　科研项目经费预算编制要点

科研项目经费预算要实现科学、合理、规范的目标，必须根据编制指导思想，遵从相应的原则和要求，按照规范的编制流程，运用恰当的编制方法，编制完整的预算内容。本章主要阐述了科研项目经费预算编制的指导思想、原则和要求，开展科研经费预算编制所需做的前期准备，科研经费预算编制流程和方法，并以国家科技计划预算编制为例，介绍了科研经费预算编制的主要内容。

2.1　科研项目经费预算编制的指导思想、原则和要求

2.1.1　科研项目经费预算编制的指导思想

全面贯彻中央关于财政科研项目资金管理的指导意见，严格落实项目承担单位法人责任制，加强科研项目经费预算编制管理，提高预算编制科学性、规范性、精准性，提升科研项目经费使用效益，保证科研工作顺利开展。

2.1.2　科研项目经费预算编制的基本原则

科研经费预算编制应当结合项目研究开发任务的实际需要，遵循政策相符性、目标相关性和经济合理性原则。

一、政策相符性

经费预算必须符合国家财务管理办法、经费管理制度和项目管理办法的相关规定，研究任务符合科技计划定位和专项经费支持方向，预算科目的开支范围、开支标准等符合有关财经政策。

二、目标相关性

应以项目（课题）任务书为依据，保证预算需求和支出类别与任务目标的一致性。预算的总额、强度与结构等符合行业（领域）任务的规律和特点，项目（课题）内各任务/方向之间经费分配合理，符合各项任务的性质、工作量等特点，有利于内部资源共享与任务协调，有利于总体目标的完成。

三、经济合理性

参照国内外同类研究开发活动的状况以及我国的国情，项目预算应与同类科研活动的支出水平相匹配，在考虑创新风险和不影响项目任务的前提下，提高资金的使用效率。

2.1.3 科研项目经费预算编制的要求

一、实事求是

科研项目经费预算编制要从实际出发，根据科研项目工作计划、方案安排，参照以往其他已批准实施项目，科学测算经费需求，不能虚列预算或小任务大预算，力争实际经费支出与经费预算充分吻合。

二、现实可行

科研项目经费预算必须符合财政部门和科技主管部门的编制要求，贯彻执行相关的财经法规与制度，保证经费预算批准后，项目预算执行现实可行，保障科学研究工作能够顺利开展。

三、内容相关

经费预算编制紧密围绕科研项目的技术路线、主要研究内容，不能脱离研究任务的实际需要，不得编列与研究内容无关的预算。

四、厉行节约

科研经费预算编制要落实厉行节约精神，积极挖掘单位的已有资源潜力，使经费预算既能满足科研活动的需要，又节约成本，减少不必要的支出，用最少的经济投入，获得最大的科研效益。

2.2 科研项目经费预算编制的准备

2.2.1 指定参与部门及人员

项目（课题）承担单位明确预算申报参与部门、人员及其职责。一般应由项目（课题）负责人及项目（课题）组、科研管理部门、财务管理部门以及其他与项目研究相关的管理、支撑、科辅部门等人员共同组成预算编制小组。

2.2.2 做好任务分工

结合项目（课题）任务，明确研究目标、技术路线、考核指标、研究周期、参加单位、参加人员等内容。研究目标是指科研项目研究具体要达到的目标，一般包括理论和实践的目标。技术路线是指申请者对要达到研究目标准备采取的技术手段、具体步骤及解决关键性问题的方法等在内的研究途径。考核指标一般包括技术指标、经济指标、知识产权指标等。研究周期一般为项目执行起止时间长度。参加单位应当包括本承担单位以及其他参与项目的单位。参加人员包括项目负责人及参与科研项目的其他研究人员。

2.2.3 明确编制依据

（1）预算编制以基本确定的研究任务为依据。项目的名称、编号、负责人、承担单位、主要研究任务、实施周期以及协作单位的有关情况等，不得随意变更。

（2）预算编制应当以国家各项科研经费管理规定为依据。包括国发〔2014〕11 号文、国发〔2014〕64 号文、财教〔2011〕434 号文、国科发资〔2015〕423 号文、中办发〔2016〕50 号文等。此外，还应当遵循科技部、财政部、农业部等有关部委及地方科技主管部门有关科研项目管理和资金管理办法中对预算编制管理的规定。

2.3　科研项目经费预算编制流程

按照经费预算来源，预算编制流程通常可以分为国家科技计划、地方科技计划、财政科研经费、横向科研经费四种类型。

2.3.1　国家科技计划类

国家科技计划主要由科技部、国家自然基金委等部门负责分配和管理，纳入相关管理部门或专业机构预算，由其以拨款的方式直接拨付承担单位。国家科技计划一般为竞争性资助经费，实行指南申报方式，由项目管理专业机构负责具体管理。以重点研发计划为例，预算编制管理流程包括如下。

一、概预算的编制和确定

重点专项经审议通过后，其概预算由专业机构负责编制，财政部、科技部共同组织概预算评估，并按程序批复概算。

二、预算申报

科研项目主管部门或专业机构发布项目申报指南。由项目（课题）承担单位按照项目（课题）资金管理办法的规定和项目（课题）咨询评议结果，组织项目（课题）负责人和单位财务部门、科研管理部门填报项目预算。

三、预算评估

科研项目主管部门或专业机构委托相关机构或组织专家进行预算评估评审。

四、预算批复及下达

科研项目主管部门或专业机构完成评审工作后，提出项目安排方案、总预算和年度预算安排方案，并按相关要求进行公示。以重点研发计划为例，项目安排方案按相关要求报科技部，预算安排方案按照预算申报渠道报送财政部，待财政部批复后，由专业机构向项目牵头单位下达项目（课题）预算。

五、任务书/预算书签订

专业机构发布项目立项和下达预算通知后，与项目牵头单位签订任务书/预算书。

六、资金拨付

完成上述程序后，专业机构按照国库支付相关规定办理资金拨付手续。

以国家重点研发计划为例，国家科技计划类预算编制流程如图 2.1 所示：

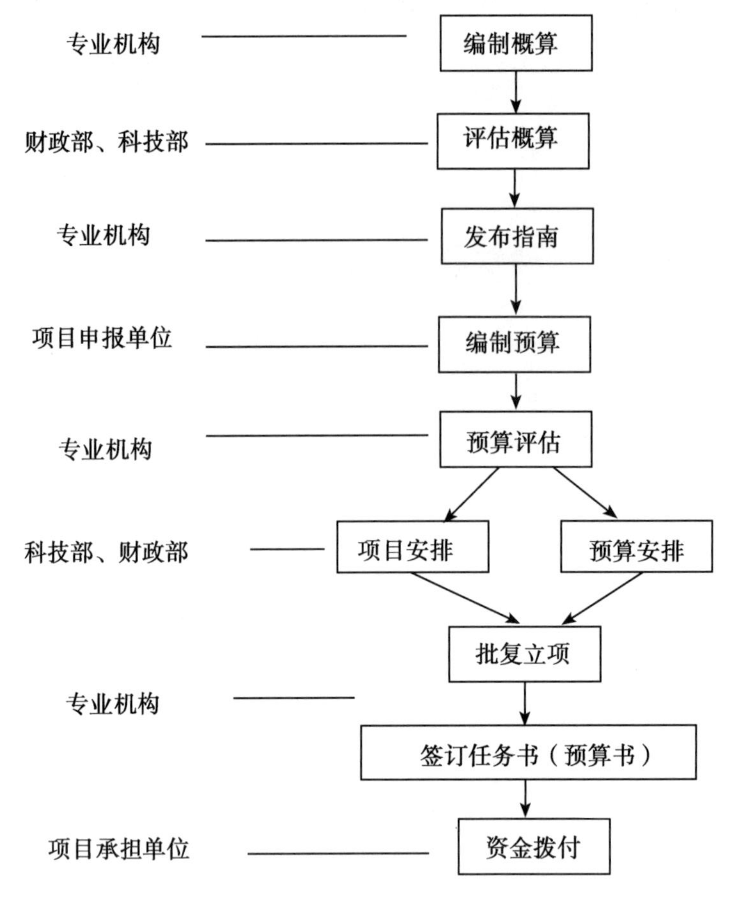

图 2.1 国家重点研发计划预算编制流程

2.3.2 地方科技计划类

地方科技计划主要由地方科技部门、地方自然科学基金委等部门负责分配和管理，纳入地方财政预算，由其以横向拨款的方式直接拨付承担单位。地方科技计划一般为竞争性资助经费，实行指南申报方式，由科技管理部门或受委托的专业机构负责具体管理。地方科技计划类预算编制管理流程与国家科技计划类大致相同。

一、经费总体投向

地方科技部门与财政部门共同制定计划项目经费预算总体投向。

二、项目申报

地方科技部门或受委托承担项目管理等工作的专业机构组织项目申报。

三、编制预算

地方科技部门负责组织主持单位、承担单位以及受委托承担项目管理等工作的专业机构编报项目经费的预算。

四、预算评审

地方财政部门会同科技部门对项目经费预算进行财政预算评审。

五、立项并拨付资金

地方财政预算批复，完成项目立项，按项目进度拨付经费。

2.3.3　财政专项经费类

财政专项经费是指按现行政府收支分类体系，纳入部门预算的财政补助科学类项目经费（不含基本建设支出）。该类经费由财政部负责分配，纳入农业部部门预算。本书以中国农业科学院所承担的财政专项经费为例，说明财政专项经费预算编制流程，供广大科研人员参考。

根据农业部下达科研经费的预算控制数，按照《农业部部门预算管理工作规程（试行）》（农办财〔2011〕149号）、年度预算编制通知等有关规定，中国农业科学院组织全院各项目承担单位编制相关项目的“一上”“二上”预算。

农业部的财政科研经费预算编制管理流程包括如下。

（1）对于项目申报时间早于“一上”部门预算申报时间的，包括修购专项、国家重点实验室仪器购置经费等，按照有关要求编制规划，不在“一上”时重复编报。“一下”控制数下达后，纳入部门预算“二上”，并由相关部门按照有关要求，填报项目文本及绩效目标等。此类项目由农业部、中国农业科学院负责组织评审。

（2）基本科研业务费、非营利改革启动经费、现代农业产业技术体系专项资金、国家重点实验室基本科研业务费和开放运行费等，在“一上”时可以不编报三年规划和年度预算。财政部、农业部参照定额管理方式测算预算，下达相关项目“一下”控制数，据此编制“二上”预算。此类项目，农业部和中国农业科学院均不组织评审，但需要在“二上”时按照有关要求填报项目文本及绩效目标。

（3）除上述两类项目外的“科学统分”项目，如创新工程、运转费，需要按照有关要求，随部门预算“一上”纳入三年规划和年度预算项目库申报，由农业部、中国农业科学院组织项目评审，根据评审结果确定是否安排及具体额度。

项目各承担单位通知项目负责人按要求编制项目文本、支出明细表、经济分类表、项目申报说明，支出规划表等，承担单位审核汇总后上报中国农业科学院，中国农业科学院审核汇总后报送农业部财务司。

以中国农业科学院创新工程为例，财政科研经费类的预算编制流程如图2.2所示。

2.3.4　横向科研经费类

横向科研经费是一些行业部门以及地方政府、事业单位、企业等，以项目（课题）委托方式，安排的科研经费。

项目承担单位与项目委托方签订正式合同（协议），或按委托方规定程序填写、报送、批准申请书或任务书等。项目负责人应当根据项目委托单位要求和科研活动实际需要，科学编制预算，按规定配置经费开支范围和比例、计算应缴税费、计提

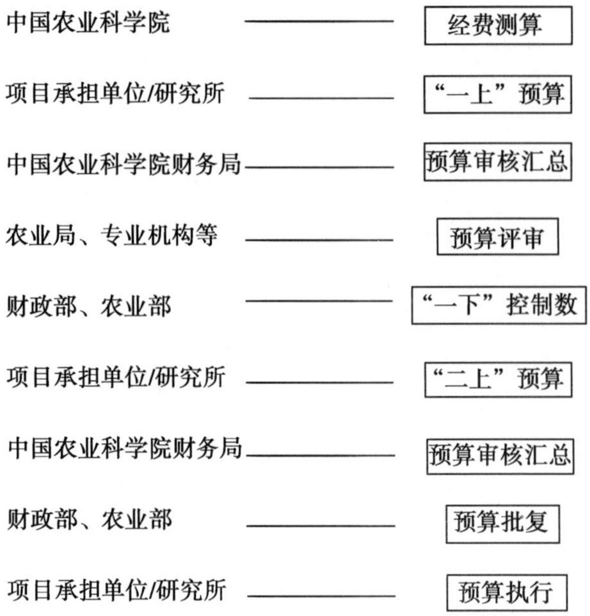

中国农业科学院
经费测算
项目承担单位/研究所
“一上”预算
中国农业科学院财务局
预算审核汇总
农业局、专业机构等
预算评审
财政部、农业部
“一下”控制数
项目承担单位/研究所
“二上”预算
中国农业科学院财务局
预算审核汇总
财政部、农业部
预算批复
项目承担单位/研究所
预算执行

图 2.2　农业财政科研专项经费预算编制流程

间接费用。

横向科研经费类的预算编制流程如图 2.3 所示：

委托任务
委托方
合同
项目负责人及承担单位
编制预算

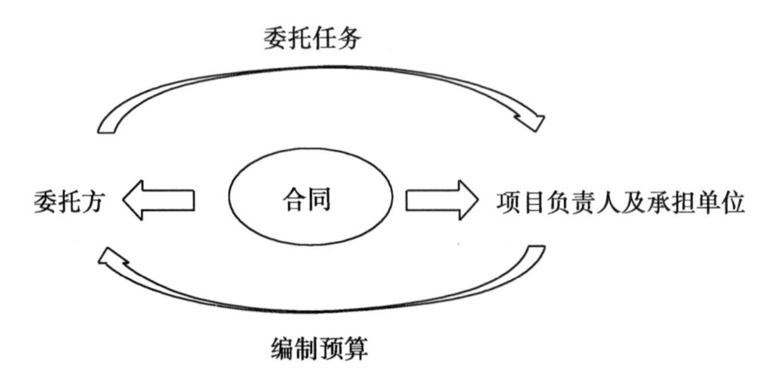

图 2.3　横向科研经费预算编制流程

2.4　科研项目经费预算编制方法

科研项目经费预算编制按预算期内可能发生的科研工作量制定各科目支出预算。首先分解各研究内容下所需要完成的每一项具体工作，再按相关公式计算每一项工作所需要支出费用，最后合计总金额。如材料费支出，按照数量乘以单价，计算每一种材料费用，再将所有种类的材料费用进行加总。

此外，间接费用实行总额控制，按照不超过课题直接费用扣除设备购置费后的一定比例核定。

2.5　科研项目预算编制的主要内容

2.5.1　预算构成

科研项目经费预算由来源预算与支出预算构成。

来源预算指此科研项目所有渠道的资金来源，包括政府拨付的研究专项经费，从企业、依托单位及其他渠道获得的捐助和自筹经费等。自筹经费包括用于该课题研究的其他财政资金、单位的自有资金和其他资金等。

来源预算与支出预算同时编制，可以全面了解科研项目经费的情况，并且细化预算编制使得预算的评估和审查具有可行性，保证经费预算审核的科学性，另一方面可防止同一科研项目在国家各类不同科技计划经费中的重复申报和列支。

以国家科技计划项目为例，项目预算构成如图 2.4 所示。

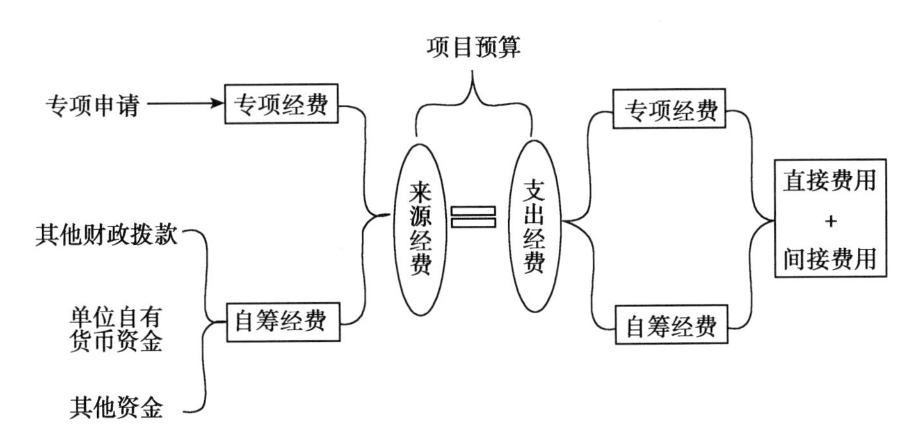

图 2.4　科研项目经费预算构成

平衡公式为：

经费来源预算合计=经费支出预算合计；

经费来源专项经费=经费支出专项经费；

经费来源自筹经费=经费支出自筹经费。

2.5.2　直接费用和间接费用

科研经费中国家科技计划（基金）的经费支出包括直接费用和间接费用支出。

一、直接费用

是指在课题研究开发过程中（包括研究、中间试验试制等阶段）中发生的与之直接相关的费用。主要包括设备费、材料费、测试化验加工费、燃料动力费、会议/差旅/

国际合作交流费、出版/文献/信息传播/知识产权事务费、劳务费、专家咨询费和其他费用等。自筹经费适用上述科目。

二、间接费用

是指承担项目任务的单位在组织实施课题过程中发生的无法在直接费用中列支的相关费用。主要包括为项目研究提供的现有仪器设备及房屋，水、电、气、暖消耗，有关管理费用的补助支出以及用于科研人员激励的相关支出等。

2.5.3 预算申报书

预算书是项目（课题）任务书的重要组成部分。以国家重点研发计划项目预算书为例，《国家重点研发计划项目预算申报书》由以下部分组成。

一、项目申报单位基本情况表

应填写项目申报单位名称、开户银行、项目负责人、联系人和财务部门负责人等基本信息。

二、项目预算表

应填写课题名称、课题牵头单位及负责人、经费来源、经费支出等预算信息。

三、课题牵头单位基本情况表

应填写课题序号、课题名称、课题牵头单位基本信息及课题负责人、联系人、财务部门负责人等相关责任人信息。

四、课题成员基本情况表

应填写课题成员的姓名、身份证号码、工作单位、技术职称、是否有工资收入及投入课题的全时工作时间（人·月）等信息。

五、课题预算表

经费支出的专项经费、自筹经费要按照11个科目具体编制；经费来源的专项经费、自筹经费则只需要填写总数。

六、设备费支出科目预算明细表

按照设备分类，填写设备的经费来源。10万元以下的设备不用填写明细；单价≥10万元的购置设备需提供三家以上产品报价单及其联系电话的详细资料；单价≥50万元的购置设备应列详细说明必要性和用途。

七、测试化验加工费预算明细表

填写测试化验加工的内容及加工单位、计量单位、单价、数量和金额等。

八、单位研究经费支出预算明细表

填写所有参加单位的信息、任务分工及负责人和经费。

九、预算说明

对支撑条件、经费需求及具体测算进行详细说明

十、自筹来源证明

有自筹经费来源的，应当提供出资证明及其他相关财务资料。

十一、预算书签订各方签章

课题预算申报书须经承担单位的法定代表人、项目（课题）负责人、单位财务部门负责人和预算编制人签字或盖章，并加盖承担单位公章。

第3章　科研项目经费预算编制的注意事项

不同的预算调剂权限对预算编制具体要求不一，虽然国家已出台调整预算调剂权限和简化部分预算科目编制的要求，但是本书从方便科研人员预算编制角度出发，对各预算支出科目编制要求及注意事项进行详细说明，以避免科研项目经费预算编制发生错报、漏报的现象。

3.1　科研项目经费预算基本要素编制的注意事项

3.1.1　参加人员

科研项目参加人员主要有项目负责人、骨干及参与科研项目的其他研究人员，包括博士后、博士、硕士及项目聘用的研究人员。在预算编制时应当注意如下内容。

一、参加项目总数限制

高级专业技术职称人员要符合申请和承担项目总数的限制规定。

二、人员信息及投入时间

要完整填写项目单位、身份证号码、技术职称、项目分工、投入课题的全时工作时间等明细。参加多个课题时，其每年的全时人·月不应超过12人·月。

三、临聘人员信息

国家科技计划类项目一般不用填写在读研究生、临时聘用人员明细，其他项目一般应将在读研究生、临时聘用人员全部列出，并与劳务费及绩效支出编制相关。

3.1.2　项目（课题）预算说明书

预算说明书是项目（课题）预算申报书的重要组成部分，预算说明书应尽可能详细，编制中应注意以下内容。

（1）要按照规定格式、内容等要求详细填写，预算说明书中预算数据应与预算表中数据保持一致。

（2）要对项目（课题）负责单位、参与单位前期已形成的工作基础及支撑条件，以及相关部门承诺为本项目（课题）研发提供的支撑条件等情况进行详细说明。

（3）根据项目（课题）研究任务、技术路线和考核指标等，对项目（课题）的主要研究内容、任务分解情况及子任务的经费需求进行说明。

（4）要对本项目（课题）各科目预算主要用途、与项目（课题）研发的相关性、必要性及测算方法、测算依据进行详细说明，预算理由应充分合理，测算方法应恰当可行，测算依据应准确可靠。

3.1.3　自筹经费

原则上，谁出资谁证明，并应说明经费的来源、金额及具体用途等。科研项目要求资金配套的，不得提供虚假配套承诺或不及时足额提供配套资金。资金配套达到一定的比例要纳入财政资金检查的重点范围。“虚假承诺、自筹经费不到位”是财务验收不通过的规定之一，也是监督检查的重点内容之一。

3.1.4　项目承担单位、课题承担单位与合作单位

承担单位负责编制有关单位研究经费支出预算明细，编制时应注意如下。

(1) 应当按规定科学合理、实事求是地编制课题预算，并对仪器设备购置、合作单位资质及拟外拨资金进行重点说明。

(2) 项目下设课题的，每个课题承担单位须按预算编制的要求，单独编制各自的课题任务和预算以及预算说明，项目承担单位将所有课题预算审核汇总后形成项目预算，并详细说明各承担单位分别承担的任务、预算和安排理由。

(3) 如果除了课题承担单位以外，还有其他单位共同参与完成的，即由几个不同的单位共同承担一个课题任务的，应当在预算编报时分别编列各单位承担的主要任务和经费预算，最终合并形成课题经费预算。

(4) 各合作单位名称、承担的任务及任务负责人等信息应与确定的项目申报书保持一致。

(5) 所有参与资金分配的单位都应填入预算说明书中，项目执行期间，未履行正式报批手续，课题承担单位不得随意增减课题合作单位，不得向未填列的单位转拨经费。

(6) 项目承担单位应加强统筹协调，强化对各合作单位预算经济合理性的审核，推动项目间的资源共用共享，防止各合作单位之间的重复预算。

3.1.5　预算申报书格式

一、预算申报书应按照项目（课题）要求的格式编报

国家科技计划类项目（课题）预算申报书，必须通过管理系统进行编报打印，如国家重点研发计划通过国家科技管理信息系统填报，国家自然基金通过科学基金网络系统（ISIS 系统）填报。申报书要与课题自筹经费来源证明及设备报价单合并装订。

二、金额单位

项目（课题）预算申报书中的预算数据通常以“万元”为单位，精确到小数点后面两位。各类开支标准或单价以“元”为单位，精确到个位。外币按人民银行公布的即期汇率折合成人民币。

三、名称正式规范

项目（课题）预算申报书中涉及的所有项目（课题）及其申报单位的名称，应填

写单位正式全称，不可用简称。预算申报书中不同地方出现的相同设备、材料等实物信息，名称应填写规范和统一。

3.1.6 银行账户信息

预算编制中的银行账户是指项目承担单位用于接收、使用和核算科研项目经费的银行账户。一般有零余额账户、基本存款账户以及专门用于民口重大专项资金管理而开设特设账户。在填报银行账户信息时应当注意如下。

一、银行账户选择

对于多家单位共同参加的项目（课题），只填报项目（课题）承担单位的银行账户信息。

二、单位名称

“单位开户名称”应与项目（课题）承担单位公章一致，如有不一致的情况，承担单位应提供证明文件。

三、开户银行

“开户银行”要填写全称，完整写明银行所在省、市等信息。填写顺序为：××银行××省（直辖市、自治区）××市（县）××支行（分行）××分理处（营业部等）。如：中国农业银行股份有限公司北京××支行。

四、银行账号

“银行账号”要填写完整准确，并经课题承担单位财务部门确认。

3.2 科研项目经费支出预算编制的注意事项

3.2.1 支出相关

预算支出内容要与项目目标任务和考核指标紧密相关，不能安排与目标不相关或关系不紧密的支出，为项目（课题）研究任务形成的基础及支撑条件等前期投入不得列入项目（课题）经费预算。不能把改善单位的科研条件和缓解经费压力同科研项目混在一起。项目经费严禁用于支付各种罚款、捐款、赞助、投资等，严禁以任何方式变相谋取私利。

3.2.2 政策相符

预算支出要符合各类计划、专项的管理规定以及国家财政政策、财务制度、政府集中采购制度、海关进口审批、环境保护、消防安全规定等。经费使用中涉及政府采购的，按照政府采购有关规定执行。

3.2.3 结构合理

预算支出编制应根据项目研究需要，按实际需求编制各个支出项目。除间接费用外，其他科目一般均无比例限制。

根据中办发〔2016〕50 号文的规定，“下放预算调剂权限，在项目总预算不变的情况下，将直接费用中的材料费、测试化验加工费、燃料动力费、出版/文献/信息传播/知识产权事务费及其他支出预算调剂权下放给项目承担单位”。科研项目预算结构应合理考虑经费支出需要，注意衔接项目承担单位制定的预算调剂管理办法。

3. 2. 4　说明详细

各项预算支出的主要用途和测算依据等要详细说明，不能过于简单和含糊其辞，不能用“大约”等模棱两可的词；涉及设备、材料等价格、数量等方面要科学合理，符合科研实际和专业领域特点。

3. 2. 5　渠道分开

支出预算应当按照经费开支范围确定的支出科目和不同经费来源编列，同一支出科目一般不同时列支专项经费和自筹经费。如果某一支出科目使用专项经费或自筹经费单独列支确存在困难时，也可以同时列支，但应该在预算说明书中详细说明，明确专项经费和自筹经费的具体用途。

3. 3　科研项目预算支出科目编制的注意事项

按照中办发〔2016〕50 号文规定，下放预算调剂权限，在项目总预算不变的情况下，将直接费用中的材料费、测试化验加工费、燃料动力费、出版/文献/信息传播/知识产权事务费及其他支出预算调剂权下放给项目承担单位。简化预算编制科目，合并会议费、差旅费、国际合作与交流费科目，由科研人员结合科研活动实际需要编制预算并按规定统筹安排使用，其中不超过直接费用 10%的，不需要提供预算测算依据。

本节以国家科技计划项目预算支出科目编制为例，为了详细说明预算支出科目编制，仍将会议/差旅/国际合作与交流费分开说明，以便读者参考使用。

3. 3. 1　总体要求

（1）预算支出科目编制要做到依据充分，支出标准合理，数据准确。凡财政部及有关部门有明确规定的，一定要依据标准执行，不得超标准计算。

（2）根据中办发［2016］50 号文，科研院所可以自行制定会议、差旅管理办法和支出标准。编制预算时，注意陈述科研院所管理办法有关条款和支出标准。

（3）预算支出科目编制采用市场价格计算的要依据市场公允价，不得高价冒算。

（4）支出预算应当按规定的 9 个支出科目和不同经费来源编制，不得在 9 个支出科目外另外增加支出科目，如“其他”“协作费”等。

3. 3. 2　设备费

一、定义

设备费是指在项目研究开发过程中购置或试制专用仪器设备，对现有仪器设备进行升级改造，租赁外单位仪器设备而发生的费用。一般包括设备购置费、试制改造费和租赁使用费。

二、有关规定

单台或成套仪器设备价格在200万元人民币以上的，按财政部、科技部等相关部门有关要求对其实施新购大型科学仪器设备联合评议工作。

一般对单价在10万元以上的购置设备需提供三家以上产品报价单及其联系电话的详细资料，单价在50万元以上的购置设备应详细说明必要性和用途。

三、在编报设备费预算时应注意

（1）预算编制中应当注意严格控制设备购置，仪器设备选型应在能够完成项目任务的前提下，尽量选择性能价格比最佳的仪器设备，鼓励共享、试制、租赁专用仪器设备以及对现有仪器设备进行升级改造。

（2）对确有必要购买的设备，应当单独说明购置的必要性、现有同样设备的利用情况以及购置设备的开放共享方案等。

（3）设备报价不应高于所提供的报价单或市场最高价，同时需要考虑实际成交价格与市场报价尚有一定折扣。

（4）对设备费中的改造与租赁费预算，需要在预算说明书中说明必要性和预算依据。

（5）与专用设备同时购置并与之配套的备品备件，应纳入设备费列支；单独购置的相关备品备件，应纳入材料费列支。

（6）试制设备要说明进行试制的理由，主要包括课题研究任务对该类设备的性能需求情况，外部市场能满足课题任务需要的该类设备供应情况，以及试制设备的经济合理性，说明试制设备需要添置的材料、组件等数量和市场价格。

（7）当试制设备为目标产品（即课题主要任务就是研制该设备）时，应当分别在材料费、测试化验加工费、劳务费等相应预算科目中列支。

（8）当试制设备为过程产品（即为完成课题任务而研制的零部件或工具性产品）时，试制设备发生的相关成本应列入设备费预算，不得在其他预算科目（如材料费、测试化验加工费、劳务费等）中重复列支。

四、不能列支内容

（1）设备支出必须与课题目标相关，不能列支与研究无关的设备以及大量实验室必备的常规通用和办公设备（电脑、复印机、打印机等）等。

（2）原则上不允许列支办公室、实验室的维修改造费用，但对于为了新增设备安装使用的需要而对实验室进行的小规模维修改造支出可以在“其他支出”中列支，同时要详细说明维修改造与新增设备的关系并提供相关支出明细。

（3）如果需要列支设备维修费，应在“其他支出”或“材料费”中列支。

（4）使用属于承担单位支撑条件的设备不得列支设备租赁费。

3.3.3　材料费

一、定义

材料费是指在项目研究开发过程中消耗的各种原材料、辅助材料等低值易耗品的采购及运输、装卸、整理等费用。

二、在编报材料费预算时应注意

（1）要说明各种材料与项目研究任务的关系和必要性，以材料的品种、规格、数量、单价作为测算依据。购买材料要符合科研要求，材料性能不可过高于科研需要。

（2）材料费编制要价格合理，数量适宜，不能与试制设备中有重复，即用于试制设备、测试化验加工的材料不能重复列报。

（3）表述要标准化和量化，采用单价、数量、时间等明确的数字格式。

三、不得列支内容

（1）原则上不可以列支用于生产经营和基本建设的材料。

（2）原则上不可以列支普通办公材料（笔、纸张、墨盒等），确有必要购买一些与课题研究相关的办公材料时，预算数量不宜过大且必须作详细说明。

3.3.4　测试化验加工费

一、定义

测试化验加工费是指在课题研究开发过程中支付给外单位（包括课题承担单位内部独立经济核算单位）的检验、测试、化验、加工及田间试验示范等费用。

二、在编报测试化验加工费预算时应注意

（1）测试化验加工单位应具备相应的测试化验加工资质。项目承担单位由于自身的技术、工艺和设备等条件的限制，不能完成的测试化验，可以委托给外部独立法人单位。

（2）如在本单位进行测试，本单位的测试化验加工部门应为独立经济核算单位，符合内部任务委托流程和经济结算的有关规定，才可以支付测试化验加工费。如果不是内部独立经济核算单位，不能直接列支测试化验加工费，测试化验加工过程中发生的相关费用可在相应科目编列，如设备费、材料费、劳务费等其他科目。

（3）在本单位进行测试，不能按照市场价格进行测算，而应该按单位内部价格进行测算，即按照实际测试、化验、加工内容发生的成本进行测算。

（4）一般对 10 万元以上的各项测试化验加工支出，需要在测试化验加工费预算明细表中填列测试化验加工清单，详细说明与课题研究任务的相关性，选择测试化验加工单位的理由以及次数、价格的测算依据等，避免承担单位在实际分析测试内容和具体预算支出时变动较大。

测试加工费中如需列支田间试验示范相关费用，需要单独说明其与本项目（课题）的相关性和必要性。

（5）数据加工任务如果是由课题承担单位自行完成的，可将相关费用列入设备费、材料费和劳务费等相应科目；如果是委托外单位完成的，可以在测试化验加工费预算列支。

3.3.5 燃料动力费

一、定义

燃料动力费是在项目实施过程中直接使用的相关仪器设备、科学装置等运行发生的水、电、气、燃料消耗费用等。

二、在编报燃料动力费预算时应注意

（1）应按照相关仪器、科学装置等预计运行时间和所消耗的水、电、气、燃料等即期（预算编报时）价格测算，在测算过程中还应提供各参数来源或分摊依据、测算方法等。

（2）与课题研究任务相关的科学考察、野外实验勘探等发生的车、船、航空器的燃油费用可在燃料动力费中编列。

三、不得列支内容

本单位日常运行的水、电、气、暖等支出不能从燃料动力费列支，应从间接经费列支。

3.3.6 差旅费

一、定义

差旅费是指在课题研究开发过程中开展科学实验（试验）、科学考察、业务调研、学术交流等所发生的外埠差旅费、市内交通费用等。

二、有关规定

乘坐交通工具、住宿、伙食等费用的开支标准应当参照《中央和国家机关差旅费管理办法》（财行〔2013〕531号）、《关于调整中央和国家机关差旅住宿费标准等有关问题的通知》（财行〔2015〕497号）、《中央和国家机关工作人员赴地方差旅住宿费明细表》的通知（财行〔2016〕71号）以及主管部门制定的管理办法如《中国农业科学院差旅费管理办法（试行）》（农科院财〔2016〕235号）以及科研院所自行制定的管理办法等相关规定编制。

三、在编报差旅费预算时应注意

（1）应说明差旅费与项目研究的相关性，出差应写明目的地。测算依据要有出差人员数量、级别、次数、地点、天数等具体内容。

（2）因为不同城市间、同城市淡旺季的住宿差别较大，要提前考虑差旅具体地点和出差时间。

（3）课题组成员参加国内学术会议发生的注册费，可以列入差旅费预算，而且学术会议应与课题研究内容相关。

（4）项目组成员参加国际学术会议发生的费用，应列入国际合作与交流费预算，而不应列入差旅费或会议费预算。

（5）项目任务中有科学考察内容的，可以在差旅费中列支科学考察费，并在预算说明中详细说明和列示科学考察任务地点和标准等测算依据。

（6）原则上不可以将非课题组人员的差旅纳入预算。

（7）出差时间不宜过长，甚至出现按年计算出差补助。

3.3.7　会议费

一、定义

会议费是指在课题研究开发过程中为组织开展学术研讨、咨询以及协调项目或课题等活动而发生的会议费用。

二、有关规定

会议费标准应当按照《中央和国家机关会议费管理办法》（财行〔2016〕214 号）以及主管部门制定的管理办法如《农业部会议费管理办法》（农财发〔2016〕168 号）、《中国农业科学院会议管理办法（试行）》（农科院办〔2016〕237 号）以及科研院所自行制定的管理办法等相关规定编制。

三、在编报会议费预算时应注意

（1）会议费开支实行综合定额控制，各项费用之间可以调剂使用。综合定额标准是会议费开支的上限，应在综合定额标准以内结算报销。

（2）应该在预算说明书中说明拟举办会议主要内容、规模、开支标准等测算依据。用于支付项目研究过程中召开的咨询、论证、结题等会议发生的餐费、资料费、会议室租用费、交通费、文件印刷费、医药费等费用，特邀专家的机票、火车票、住宿费等也可列入会议费、差旅费等科目支付。

（3）交通费是指用于会议代表接送站，以及会议统一组织的代表考察、调研等发生的交通支出。不得使用会议费购置电脑、复印机、打印机、传真机等固定资产以及开支与本次会议无关的其他费用。

（4）会议代表参加会议所发生的城市间交通费，原则上按差旅费管理规定由所在单位报销；因工作需要，邀请国内外专家、学者和有关人员参加会议，对确需负担的城市间交通费、国际旅费，可由主办单位在会议费等费用中报销。

（5）课题组举办的与项目任务有关的会议（如咨询会、交流会、验收会等）支出可列入会议费预算，但应合理安排会议内容与数量。

（6）课题承担单位发起举办的一般性学术会议，如需在课题专项经费列支，则应在预算中说明与课题研究的相关性。

3.3.8　国际合作与交流费

一、定义

国际合作与交流费是指在课题研究开发过程中课题研究人员出国及外国专家来华工

作的费用。

二、有关规定

国际合作与交流费执行国家外事经费管理的有关规定，包括《中共中央办公厅、国务院办公厅转发中央组织部、中央外办等部门〈关于加强和改进教学科研人员因公临时出国管理工作的指导意见〉的通知》（厅字〔2016〕17号）、《关于印发〈因公临时出国经费管理办法〉的通知》（财行〔2013〕516号）、《关于印发〈因公短期出国培训费用管理办法〉的通知》（财行〔2014〕4号）、《财政部关于印发〈中央和国家机关外宾接待经费管理办法〉的通知》（财行〔2013〕533号）、《关于印发〈外国文教专家经费管理暂行办法〉的通知》（外专发〔2016〕85号）、《关于印发〈引进人才专家经费管理实施细则〉的通知》（外专发〔2010〕87号）以及主管部门制定的管理办法如《中国农业科学院因公临时出国（境）管理办法》（农科院国合〔2016〕282号）、《中国农业科学院因公临时出国（境）经费实施细则》（农科院国合〔2016〕281号）等有关管理办法。

三、在编报国际合作与交流费预算时应注意

（1）国际合作与交流费研究人员出国预算编制标准应按照以及主管部门制定的管理办法如《中国农业科学院因公临时出国（境）管理办法》《中国农业科学院因公临时出国（境）经费实施细则》的相关规定执行；外国专家来华工作开支标准应参照《中央和国家机关外宾接待经费管理办法》（财行〔2013〕533号）、《关于印发〈引进人才专家经费管理实施细则〉的通知》（外专发〔2010〕87号）等国家相关规定执行。

（2）应说明拟开展的国际合作交流活动情况，包括活动类型（出国考察或来华交流）、必要性等，并考虑合作交流的可能目的地、人员规模、天数次数等，避免实际出访的国别、受邀人员的国别与预算不符。

（3）国际合作包括往返机票、食宿、会议注册费。参加国际学术会议的注册费应列入国际合作与交流费预算，不应列入差旅费或会议费预算。

（4）课题组举办国际会议的费用，可以列入会议费预算，但在国际合作与交流费预算中不得重复列支。

（5）因工作需要，邀请国内外专家、学者和有关人员参加会议，对确需负担的城市间交通费、国际旅费，可由主办单位在会议费等费用中报销。

（6）根据部门预算批复以及《中共中央办公厅 国务院办公厅转发中央组织部、中央外办等部门〈关于加强和改进教学科研人员因公临时出国管理工作的指导意见〉的通知》精神，从2017年起，教学科研人员因公临时出国开展学术交流合作经费实行区别管理，不再纳入“三公”因公临时出国（境）经费预算进行额度控制。学术交流合作以外的因公临时出国，仍执行现行国家工作人员因公临时出国管理政策，有关经费纳入“三公”经费预算从严控制。

3.3.9 出版/文献/信息传播/知识产权事务费

一、定义

出版/文献/信息传播/知识产权事务费是指在课题研究开发过程中，需要支付的出

版费、资料费、专用软件购买费、文献检索费、专业通信费、专利申请及其他知识产权事务等费用。

二、在编报出版/文献/信息传播/知识产权事务费预算时应注意

（1）该预算科目可列支出版费、资料费、专用软件购置费、文献检索费、专业通信费、专利申请及其他知识产权事务等费用。

（2）应说明每项支出与研究任务的相关性，以出版书目的名称、字数、册数的数量、价格，文献检索、查阅的数量、单价，信息传播的种类、数量、单价，知识产权申报的类别、单价、注册等为测算依据。

（3）直接为完成课题任务而购置相关日常资料和软件，其费用可以由专项经费列支，但是要在预算说明书中说明预算理由和测算依据。

（4）专业软件购买、专著出版等大额支出应有相关合同，专利和论文发表等支出需要受理函或者检索信息，预算编制需要参考专利申请、拟选择出版单位的市场报价。

三、不得列支内容

（1）不可以列支通用性操作系统、办公软件，日常手机和办公固定电话通讯费和专利维护费等。

（2）不可以列支购买设备自带的软件，应在设备费列支。

（3）不可以列支课题研究需要委托定制软件费用，应在测试化验加工费中列支。

（4）不可以列支属于实验室日常基础条件建设性的资料购置和软件购置。

3.3.10　劳务费

一、定义

劳务费是指参与项目研究的研究生、博士后、访问学者以及项目聘用的研究人员、科研辅助人员等的劳务性支出。

二、有关规定

劳务费发放应当按照《农业部办公厅关于印发〈进一步规范专家咨询费等报酬费用发放与领取管理的若干规定〉的通知》（农办发〔2016〕17 号）、《中国农业科学院专家咨询费等报酬费用管理办法（试行）》（农科院财〔2016〕277 号）以及国家和地方政府各类科技计划及其他相应专项经费管理办法中关于劳务费管理的规定执行。

三、在编报劳务费预算时应注意

（1）可以发放给项目聘用人员、访问学者、博士后、研究生等，在本单位有工资性收入的项目参加人员不得发放劳务费。

（2）项目聘用人员的劳务费开支标准，可以参照当地科学研究和技术服务业从业人员平均工资水平，根据其在项目研究中承担的工作任务确定，其社会保险补助纳入劳务费科目列支。

（3）研究生、博士后劳务费开支标准，可以参考《中国农业科学院研究生助学金及助研津贴实施办法》（试行）中有关助研津贴发放标准。

(4) 田间用工等临时劳务用工的开支标准应当结合当地劳务市场实际开支水平，以及相关人员参与劳务活动的全时工作时间等因素合理制定。

(5) 应说明没有工资收入的相关研发人员（如在校研究生、博士后）和临时人员在项目研究开发中承担的具体工作内容，以及投入本课题的全时工作时间和劳务费发放标准。

(6) 要注意人月数的数据在任务书、预算书中保持一致，与投入课题研究任务的工作量相匹配。

四、不得发放对象

(1) 项目承担单位在职在编职工。

(2) 没有提供实质性劳务的人员。

(3) 对项目（课题）负有管理权责的人员。

(4) 因履行本人岗位职责而提供劳务活动的其他人员。

3.3.11 专家咨询费

一、定义

专家咨询费是在课题研究开发过程中支付给临时聘请咨询专家的费用。

二、有关规定

专家咨询费发放应当按照《中央财政科研项目专家咨询费管理办法》（财科教〔2017〕128号）、《农业部办公厅关于印发〈进一步规范专家咨询费等报酬费用发放与领取管理的若干规定〉的通知》（农办发〔2016〕17号）、《中国农业科学院专家咨询费等报酬费用管理办法（试行）》（农科院财〔2016〕277号）、《中国农业科学院创新工程经费管理办法》（农科院财〔2014〕131号）、《中国农业科学院科技创新工程专项经费管理实施细则》（农科院办〔2014〕238号）以及国家和地方政府各类科技计划及其他相应专项经费管理办法中关于专家咨询费管理的规定执行。

三、发放标准

专家咨询费发放标准按照相应资金渠道的经费管理制度执行。相应资金渠道没有明确规定的，以会议形式组织的咨询和以通讯形式组织的咨询，专家咨询费的开支参照《中央财政科研项目专家咨询费管理办法》（财科教〔2017〕128号）中高级专业技术职称人员和其他专业技术人员的标准执行，具体见表3.1。

表3.1 专家咨询费发放标准

咨询专家	咨询方式	标 准
具有或相当于高级专业技术职称人员	会议咨询	1 500~2 400元/人天（税后），半天按照60%执行；第1~2天按此标准执行；第3天及以后按前述标准50%执行
	通讯咨询	60~100元/人次按次计算，每次按照上述标准20%~50%执行

（续表）

咨询专家	咨询方式	标　准
其他人员	会议咨询	900～1 500 元/人天（税后），半天按照 60% 执行；第 1～2 天按此标准执行；第 3 天及以后按前述标准 50%执行
	通讯咨询	按次计算，每次按照上述标准 20%～50% 执行 40～80 元/人次

院士、全国知名专家，可按照高级专业技术职称人员的专家咨询费标准上浮 50% 执行。

以上标准供科研人员编制项目预算时参考使用，本单位依照中办发〔2016〕50 号文的精神制定了专门办法的，从其规定；国家调整相关标准后，按新标准执行。

四、在编报专家咨询费预算时应注意

（1）课题组举办咨询会发生的咨询费应在专家咨询费中列支，不应在会议费中重复支出。

（2）没有高级职称的其他专业技术人员也可以支取咨询费。

五、不得发放对象

（1）专家咨询费只能支付给个人，不应支付给咨询机构等单位。

（2）中国农业科学院院属各单位负责人及职能部门工作人员因履行本人岗位职责而参与本单位咨询性活动的，不得支付给专家咨询费。

（3）专家咨询费不得支付给参与本项目及所属课题研究和管理的相关工作人员。

3.3.12　其他支出

一、定义

其他支出是指课题在研究开发过程中发生的除上述费用之外的其他支出。其他支出应该在申请预算时单独列示、单独核定。

二、编报其他支出预算时应该注意

（1）支出内容不应与前述 11 个预算科目的支出内容重复编列。

（2）支出内容要与课题任务密切相关，且应在预算说明书中说明与课题研究开发任务的相关性、必要性并详细列示测算依据。

（3）培训费可以列支在其他支出中，但应避免在会议费、劳务费等科目中重复列支。

（4）新购置设备需要对实验室进行维修改造，可以在其他支出中列支，同时需要在预算说明中明确维修改造与新增设备的关系并列示相关支出明细。

（5）项目实验期间直接服务于相应项目课题研究任务的农业实验用地（或水域）的租赁费应通过其他支出编制，但是由项目承担单位自有土地提供用于科研试验的，不应编制租赁费。

（6）对于包括技术成果应用推广任务的课题，其发生的培训费可在“其他支出”中列支。但需要在预算说明书中充分说明预算理由和测算依据。培训工作应不以盈利为目的，且培训费预算不得与其他预算科目的支出内容重复（例如：培训费不得与会议费、劳务费、专家咨询费等重复，且应严格按照实际成本预算），并按《中央和国家机关培训费管理办法》（财行〔2013〕523号）规定支出。

（7）对于专项经费支持涉及国家和区域经济社会发展的重大产业共性、关键技术和重大公益技术的应用示范工作，示范、试点的相关费用应按照有关办法要求，在相关预算科目列支，无法列入的费用，可在“其他支出”中列示。但需要在预算说明中说明预算理由和测算依据，并且相关费用应严格按照实际成本编列预算。

三、不得列支内容

（1）不能列支课题实施前发生的各项经费支出、奖励支出以及不可预见费。

（2）原则上有固定收入人员的工资不允许在其他支出中列支。

（3）临时聘用人员的工资不得在其他支出中列支，应列入劳务费。

3.3.13 间接费用

一、定义

间接费用是指承担课题任务的单位在组织实施课题过程中发生的无法在直接费用中列支的相关费用。主要包括承担单位为项目研究提供的现有仪器设备及房屋，水、电、气、暖消耗，有关管理费用的补助支出以及绩效支出等。

二、有关规定

间接费用实行总额控制，按照不超过课题直接费用扣除设备购置费后的一定比例核定。具体比例如下。

（1）500万元及以下部分为20%；

（2）超过500万~1 000万元的部分为15%；

（3）超过1 000万元以上的部分为13%。

三、在编报间接费时应注意

（1）一般项目预算中，不应出现基本建设费。

（2）如果调整设备费的预算，间接费用的预算也需要相应调整。

（3）绩效支出没有比例限制。

3.3.14 特别提示

（1）课题组成员参加国内学术会议发生的费用，应列入差旅费预算，而不应列入会议费预算。

（2）课题组成员参加国际学术会议发生的费用，应列入国际合作与交流费预算，而不应列入差旅费或会议费预算。

（3）课题组举办国际会议的费用，若已经列入会议费预算的，不应在国际合作与交流费预算中重复列支。

（4）课题组举办咨询会发生的咨询费应在专家咨询费中列支，不应在会议费中重复列支。

（5）专用软件开发如由课题承担单位自行完成，可将相关费用分别列入相应科目；如果是委托外单位开发，可以在测试化验加工费预算中列支。

（6）对于专项经费支持涉及国家和区域经济社会发展的重大产业共性、关键技术和重大公益技术的应用示范工程，示范、试点的相关费用在相关预算科目列支，无法列入的费用，可在“其他支出”中列示。但需要在预算说明中说明预算理由和测算依据，并且相关费用应严格按照预计的实际成本构成编列预算。

（7）关于外国专家来华交流的交通费用，根据中办发〔2016〕50 号文“因工作需要，邀请国内外专家、学者和有关人员参加会议，对确需负担的城市间交通费、国际旅费，可由主办单位在会议费等费用中报销”的规定，相关费用可在会议费、差旅费中列支。

第4章　农业科研项目经费预算编制实践

目前，农业科研项目来源和种类较多，不同项目的预算管理方式不一，对预算编制的要求也不尽相同。本章以中国农业科学院为例，主要介绍了中国农业科学院所承担的农业领域相关的常见科研项目，重点讲解了项目的定位、组织管理、经费管理、预算编制要求及程序等。

4.1　科研任务分类

中国农业科学院承担农业科研项目主要经费来源见表4.1。

表4.1　中国农业科学院承担农业科研项目主要经费来源

序　号	种　类	主管部门
1	转基因……生物新品种培育重大专项	农业部
2	水体污染控制与治理科技重大专项	环保部、住建部
3	国家重点研发计划	科技部
4	国家自然科学基金	国家自然科学基金委
5	国家社会科学基金	全国哲学社会科学规划办公室
6	国家重点实验室专项	科技部、财政部
7	国家科技基础条件平台	科技部、财政部
8	中央公益性科研院所基本科研业务费	财政部
9	现代农业产业技术体系专项资金	农业部、财政部
10	非营利改革启动经费	财政部
11	中国农业科学院科技创新工程	财政部、农业部、中国农业科学院
12	农业部财政专项	农业部
13	运行维护专项	农业部
14	修缮购置专项	财政部、农业部
15	国际合作项目	科技部、国家外专局
16	横向科研项目	事业单位、企业单位

4.2　国家科技重大专项

4.2.1　民口科技重大专项

一、专项设立的目标和定位

国家科技重大专项是为了实现国家目标，通过核心技术突破和资源集成，在一定时限内完成的重大战略产品、关键共性技术和重大工程。《国家中长期科学和技术发展规划纲要（2006—2020）》确定了大型飞机等 16 个重大专项。这些重大专项是我国到 2020 年科技发展的重中之重。

本书涉及的国家科技重大专项主要是指民口科技重大专项。中国农业科学院主要承担的民口科技重大专项有……生物新品种培育、水体污染治理和高分辨率对地观测系统。

二、专项资金的支持对象

重大专项资金主要用于支持中国大陆境内具有独立法人资格，各重大专项领导小组批准承担重大专项任务的科研院所、高等院校、企业等，开展重大专项实施过程中市场机制不能有效配置资源的基础性和公益性研究，以及企业竞争前的共性技术和重大关键技术研究开发等公共科技活动，并对重大技术装备进入市场的产业化前期工作予以适当支持。

三、专项资金的管理方式

结合重大专项组织实施的要求和项目（课题）的特点，采取前补助、后补助等财政支持方式。

（1）前补助是指项目（课题）立项后核定预算，并按照项目（课题）执行进度拨付经费的财政支持方式。对于基础性和公益性研究，以及重大共性关键技术研究、开发、集成等公共科技活动，一般采取前补助方式支持。

（2）后补助是指相关单位围绕重大专项的目标任务，先行投入并组织开展研究开发、成果转化和产业化活动，在项目（课题）完成并取得相应成果后，按规定程序进行审核、评估或验收后给予相应补助的财政支持方式。对于具有明确的、可考核的产品目标和产业化目标的项目（课题），以及具有相同研发目标和任务、并由多个单位分别开展研发的项目（课题），一般采取后补助方式支持。

具体支持方式，由牵头组织单位结合项目（课题）特点和承担单位性质在编制实施计划时明确，经领导小组审核后，作为科技部、发展改革委和财政部（以下简称“三部门”）综合平衡的内容之一。

四、专项资金的组织管理

按照重大专项的组织管理体系，重大专项资金实行分级管理，分级负责。财政部、科技部、发展改革委、重大专项领导小组、牵头组织单位和项目（课题）承担单位根据各自职责，分别负责重大专项资金管理的相关工作。

（1）财政部、科技部、发展改革委共同研究制定重大专项资金管理办法；开展实施计划综合平衡工作，统筹协调重大专项与科技计划、国家重大工程以及存量科技资源的关系，作为预算编制和审核的前提和基础。

财政部根据重大专项资金管理办法和三部门综合平衡意见，组织重大专项预算评审并核批重大专项项目（课题）总预算和年度预算。

（2）重大专项领导小组负责协调牵头组织单位编制重大专项项目（课题）总预算和年度预算，与牵头组织单位共同落实中央财政资金以外其他渠道资金及相关配套条件，组织开展重大专项资金的监督与检查等相关工作。

（3）牵头组织单位是重大专项资金管理的责任主体，负责组织项目（课题）承担单位编报重大专项项目（课题）总预算和年度预算；按规定程序审核汇总项目（课题）总预算和年度预算建议方案；会同领导小组落实中央财政资金以外其他渠道资金及相关配套条件。

（4）项目（课题）承担单位是项目（课题）经费使用和管理的责任主体，负责编制和执行所承担的重大专项项目（课题）预算；按规定使用和管理重大专项资金；落实单位自筹资金及其他配套条件。

五、专项资金预算编制的程序

（一）前补助项目预算编制

重大专项前补助项目（课题）预算包括收入预算和支出预算，应当全面反映重大专项组织实施过程中的各项收入与支出，做到收支平衡。

（1）重大专项前补助项目（课题）收入预算包括中央财政资金、地方财政资金、单位自筹资金以及从其他渠道获得的资金。收入预算的编制，应当根据各重大专项的目标、任务和实施阶段，合理确定中央财政投入资金和其他渠道资金使用的方向和重点。领导小组、牵头组织单位和项目（课题）承担单位应当根据重大专项实施方案和实施计划，落实除中央财政资金以外的其他渠道的资金。项目（课题）承担单位编制重大专项项目（课题）预算时，应当提供其他渠道资金来源证明，领导小组和牵头组织单位汇总项目（课题）预算时予以重点审核。

（2）重大专项前补助项目（课题）支出预算包括直接费用和间接费用。支出预算的编制，应当围绕重大专项确定的项目（课题）目标，坚持目标相关性、政策相符性和经济合理性原则，有科学的测算依据并经过充分论证，以满足实施重大专项的合理需要。

牵头组织单位根据国务院审议通过的重大专项实施方案，确定项目（课题）及其承担单位。组织项目（课题）承担单位财务部门会同科技管理部门编制项目（课题）总预算和年度预算，作为实施计划的组成内容，按规定程序逐级上报至三部门进行综合平衡。

牵头组织单位根据三部门综合平衡意见，组织修改和完善项目（课题）总预算和年度预算，由财务部门会同科技管理部门汇总编制重大专项预算建议方案，按规定程序在当年“一上”部门预算前一个月报送财政部，同时抄送科技部和发展改革委。有两个及以上牵头组织单位的，由第一牵头组织单位联合其他牵头组织单位汇总报送。

财政部组织重大专项预算评审，结合评审结果及当年财力状况，批复重大专项项目（课题）总预算与分年度预算。牵头组织单位应当根据项目（课题）立项批复和财政部批复的项目（课题）总预算与分年度预算，与项目（课题）承担单位签订任务合同书。

财政部根据批复的重大专项项目（课题）总预算与分年度预算，确定下年度项目（课题）预算控制数，下达至牵头组织单位，同时抄送科技部、发展改革委和领导小组组长单位。有多个牵头组织单位的，预算控制数分别下达至各牵头组织单位。

牵头组织单位根据下达的年度预算控制数，组织编报“二上”预算。

财政部按照法定预算程序正式批复牵头组织单位重大专项项目（课题）年度预算，并将批复情况函告科技部、发展改革委和领导小组组长单位。

（二）后补助项目预算编制

后补助包括事前立项事后补助、事后立项事后补助两种方式。

（1）事前立项事后补助。

事前立项事后补助是指单位围绕重大专项目标任务，按照前补助规定的程序立项后，先行投入组织研发活动并取得预期成果，按规定程序通过审核、评估和验收后，给予相应补助的财政支持方式。

前立项事后补助主要适用于具有明确、可考核的产品目标和产业化目标的项目（课题），以及具有相同研发目标和任务、并由一个或多个单位分别开展研发的项目（课题）。

申请事前立项事后补助项目（课题）的单位，应当符合以下条件：

——具有组织完成项目（课题）的研发能力；

——筹措全部（或 70%及以上）项目（课题）的研发费用；

——承担因研发失败而产生的经济损失。

采用事前立项事后补助的项目（课题），由牵头组织单位按照前补助方式规定的程序立项、组织项目（课题）价值评估、提出后补助预算安排建议方案，按规定程序报财政部核批。

对于研发经费需求量大、风险程度高、承担单位经济实力较弱的项目（课题），可事先拨付不超过该项目（课题）申报中央财政资金总额 30%的启动经费。启动经费拨付和使用的管理，参照前补助项目（课题）资金管理规定执行。其余中央财政资金待牵头组织单位对项目（课题）成果进行验收、提出预算安排建议并经财政部核批后，予以拨付。

通过事前立项事后补助方式获得的资金，项目（课题）承担单位可以用于补偿组织开展相关研发活动发生的各项支出。

（2）事后立项事后补助。

事后立项事后补助是对单位已取得了符合重大专项目标要求的关键技术、核心技术但未纳入重大专项支持范围的研究成果，按规定程序通过审核、评估后给予相应补助的财政支持方式。

申请事后立项事后补助的项目（课题）申报单位，应当符合以下条件：

——申报成果完全满足重大专项的任务要求，可验证和评价；

——申报成果是申报单位已经完成的项目（课题）；

——申报成果是申报单位自主、可控，拥有自主知识产权的研发成果；

——申报成果未获得过重大专项资金以及其他财政专项资金支持。

采用事后立项事后补助方式的项目（课题），牵头组织单位应当参照前补助方式规定的程序进行成果征集、项目（课题）评估、技术验证和价值评估，结合项目（课题）的实际支出，提出后补助预算安排建议，并将论证结果和预算安排建议向社会公示。

牵头组织单位提出的事后立项事后补助项目（课题）应当按照年度预算编报时间要求将论证结果、公示结果及预算安排建议等相关材料报送财政部。财政部组织专家评审提出预算安排意见，按预算管理程序审核后纳入下一年度预算。

通过事后立项事后补助方式获得的资金，项目（课题）承担单位可以统筹安排。

获得事后立项事后补助的项目（课题）承担单位，应当与牵头组织单位签订协议，明确将其技术成果应用于解决重大专项相关问题。未按照协议要求解决问题的，收回补助资金。

六、专项资金预算编制的主要内容

重大专项资金由项目（课题）经费、不可预见费和管理工作经费组成，分别核定与管理。

（1）重大专项项目（课题）经费由直接费用和间接费用组成。直接经费包括设备费、材料费、测试化验加工费、燃料动力费、差旅费、会议费、国际合作与交流费、出版/文献/信息传播/知识产权事务费、劳务费、专家咨询费、基本建设费和其他支出等。

间接费用由财政部根据重大专项、项目（课题）的特点、项目（课题）承担单位性质等因素核定。按照中办发〔2016〕50号文件规定，间接费用核定比例可以提高到不超过直接费用扣除基本建设费和设备购置费的一定比例：500万元以下的部分为20%，500万～1 000万元的部分为15%，1 000万元以上的部分为13%。

间接费用由项目（课题）承担单位统筹使用和管理。间接费用中用于科研人员激励支出的部分，应当在对科研人员进行绩效考核的基础上，结合科研实绩，由所在单位根据国家有关规定统筹安排。

（2）不可预见费是指为应对重大专项实施过程中发生的不可预见因素安排的资金，由财政部统一管理。项目（课题）承担单位因不可预见因素需要追加预算时，应当按照规定程序报财政部审核批复。

（3）重大专项管理工作经费是指在重大专项组织实施过程中，三部门、重大专项领导小组、牵头组织单位等承担重大专项管理职能且不直接承担项目（课题）的有关部门和单位，开展与实施重大专项相关的组织、协调等管理性工作所需费用，由财政部单独核定。

七、重大专项预算编制的注意事项

（1）多家单位承担的课题，应先由各家根据分配的任务提出经费额度规模要求与结构比例，课题负责人及其所在单位汇总后再按照下达的经费概算进行协商调整。调整时要关注支出总量、比例结构、人均强度等。

（2）在设备费预算明细表中填列设备清单，并在预算说明书中说明该设备与课题研究任务的相关性、必要性及预算依据。预算购置单台仪器设备价值达到或超过10万元人民币时，应提供拟购置仪器设备三家以上代理商的产品报价单及其联系电话等详细资料。原则上，不得使用专项经费购置基建设备和生产性设备。

（3）在材料费预算明细表中填列材料清单，并在预算说明书中说明该材料与课题研究任务的相关性以及数量、价格的测算依据等。需要课题执行过程中消耗数量较多或单位价格较高、总费用在5万元及以上的大宗及贵重材料，在编制预算时须填写明细。需要进口的原材料和辅助材料，在编制预算时需填列原材料和辅助材料净价（不含关税）。

（4）对课题执行过程中需测试化验加工的数量较多或单位价格较高、总费用在5万元及以上的量大及价高的测试化验加工任务，在编制预算时须填写明细

（5）基本建设费是指课题实施过程中发生的房屋建筑物购建、专用设备购置等基本建设支出，应当单独列示，其管理和使用参照基本建设财务制度执行。如发生基本建设费，在预算申报书中需另附初步设计或施工图设计、初步设计概算或施工图预算等资料。考虑到重大专项实施中会有一些示范工程等基本建设内容，《暂行办法》中允许列支基本建设费，但基本建设费应当单独列示，其管理和使用应当参照基本建设财务制度执行。

八、专项资金管理的政策文件

（1）《民口科技重大专项后补助项目（课题）资金管理办法》（财教〔2013〕443号）。

（2）《财政部关于民口科技重大专项项目（课题）预算调整规定的补充通知》（财教〔2012〕277号）。

（3）《民口科技重大专项资金管理暂行办法》（财教〔2009〕218号）。

（4）《国家科技重大专项管理暂行规定》（国科发计〔2008〕453号）。

（5）《科技重大专项进口税收政策暂行规定》（财关税〔2010〕28号）。

（6）《民口科技重大专项资金与预算管理问答》（2009年9月）。

4.2.2　生物新品种培育重大专项

一、专项设立的目标和定位

……生物新品种培育重大专项是我国民口科技重大专项的项目之一，其目标，是要获得一批具有重要应用价值和自主知识产权的……，培育一批抗病虫、抗逆、优质、高产、高效的重大……生物新品种，提高农业……生物研究和产业化整体水平，为我国农业可持续发展提供强有力的科技支撑。实施……生物新品种培育重大专项，对于增强农业科技自主创新能力，提升我国生物育种水平，促进农业增效和农民增收，提高我国农业国际竞争力，具有重大战略意义。

二、专项的实施方式

……专项设置项目和课题两个层次，对确有必要的重大课题可增设子课题层次。专

项资金以课题为管理单元，强化目标管理和绩效管理。专项资金支持的课题按品种培育、共性技术、示范推广、条件能力建设四类实行分类管理，综合考虑产业需求紧迫程度、研究基础和条件，成熟一批，启动一批。按照……重大专项总体实施方案的要求，重大课题采取“择优委托、专家论证”的方式确定课题承担单位。课题实施周期为5年（2016—2020年）。

三、专项资金的支持范围

2016年启动实施……动植物新品种培育、……克隆与功能验证、规模化……操作技术、……生物安全评价技术、……生物检测监测技术和产业化发展战略研究等13个研究类项目54个重大课题。与专项目标关系不密切，没有充分紧扣专项的特点和要求，距离产业化的目标比较远，出于科学家的兴趣或自由探索的前沿性、基础性的研究内容不予支持。

……动植物新品种培育类课题，单位自筹和地方配套经费不低于中央财政经费的30%。……克隆与功能验证及规模化……操作技术、……生物安全技术和发展战略研究类课题，全部为中央财政经费。

四、专项资金的组织管理

农业部是……专项的牵头组织单位，财务司和科技教育司共同制定专项资金管理制度，建立符合……专项特点的专项资金内部监管机制，并按照职责分工负责专项资金管理的相关工作。

（一）财务司的主要职责

（1）根据专项资金管理制度以及科技部、发展改革委、财政部（以下简称三部门）对实施计划的综合平衡意见，会同科技教育司组织承担单位编报课题预算，按规定程序审核汇总专项资金预算建议方案。

（2）根据财政部预算批复情况下达专项资金总预算及年度预算，并办理请款拨款手续。

（3）审核申报……专项实施中的重大预算调整建议，审核备案一般性预算调整事项。

（4）组织承担单位编报专项资金决算，配合开展课题验收。

（5）按照专项资金国库集中支付管理要求，开展承担单位特设账户管理业务，受理资金垫付备案和归垫申请审核业务。

（6）负责专项资金形成国有资产的管理及调配。

（7）审核专项资金采购进口产品申请，承办落实重大专项进口税收政策的相关业务*。

（8）协调落实专项资金管理其他相关政策制度。

---

* 注：根据财政部《关于完善中央单位政府采购预算管理和中央高校、科研院所科研仪器设备采购管理有关事项的通知》（财库〔2016〕194号）“对中央高校、科研院所采购进口科研仪器设备实行备案制管理”

（二）科技教育司的主要职责

（1）根据《……生物新品种培育重大专项管理办法》规定，承办……专项领导小组日常工作，履行专项实施管理办公室的具体管理职责，组建咨询委员会和总体组并协调其运作。

（2）组织制订阶段实施计划和年度实施计划，提请……专项领导小组审定并报三部门综合平衡。

（3）组织开展专项资金支持课题的立项、实施、监督、检查、验收、绩效评价、知识产权与成果管理等工作。

（4）督促承担单位制定内部管理制度，建立健全内部控制机制。

（5）审核提出……专项实施中的重大预算调整建议，审核备案一般性预算调整事项。

（6）配合组织开展课题预算及决算的编报工作、特设账户及资金垫付与归垫管理工作、进口税收政策相关业务工作。

（7）配合落实专项资金管理其他相关政策制度。

（三）承担单位根据其在组织实施中的职责范畴

一般分为牵头承担单位与任务承担单位。牵头承担单位在执行本单位所承担任务时，视同任务承担单位履行职责。有两个或两个以上牵头承担单位的课题，在资金管理上以第一牵头承担单位为主。

（1）牵头承担单位的主要职责。

——负责主持编报课题预算和决算；

——与科技教育司及有关各方签订课题合同书并组织课题实施，按有关规定管理课题经费，督促落实约定的配套经费和相关配套条件；

——与任务承担单位签订任务合同书，明确任务分工、实施进度、预算安排及知识产权与成果权属等；

——牵头配合相关管理部门开展的监督、检查、验收、绩效评价等工作，并根据需要自行组织对任务承担单位的监督、检查和阶段性考核评价。

（2）任务承担单位的主要职责。

——负责按要求编报本单位所承担任务的预算和决算；

——按签订的任务合同书开展工作，按有关规定使用任务经费，落实本单位承诺的配套经费和其他配套条件；

——接受相关管理部门或牵头承担单位组织开展的监督、检查、验收、绩效评价等。

——对于确有必要的重大课题，在牵头承担单位与任务承担单位之间增设的子课题承担单位，在专项资金管理和使用中按牵头承担单位要求履行相应职责。

五、专项资金的预算管理

财务司会同科技教育司根据三部门综合平衡意见组织修改和完善课题总预算和年度预算，并汇总编制专项资金预算建议方案，以农业部文件在下年度部门预算“一上”前报送财政部，同时抄送科技部和发展改革委。后补助资金的预算安排建议，纳入专项资金预算建议方案，一并报财政部核批。

根据财政部组织预算评估评审结果，以及下达的下年度预算“一下”？控制数，由财务司会同科技教育司以农业部文件将课题总预算下达各课题牵头承担单位，并组织承担单位编制“二上”预算，纳入农业部部门预算“二上”草案一并报送财政部。其中，前补助课题资金及后补助课题的启动资金“二上”预算由承担单位具体编制，后补助资金“二上”预算由科技教育司具体编制。

涉及国家安全、重大突发性事件等需要国家特殊安排或紧急部署的课题，由科技教育司会同财务司组织专家论证并提出预算建议方案，报……专项领导小组批准后，以农业部文件单独向财政部申请动用不可预见费。

管理工作经费预算由科技教育司、财务司单独编制，纳入农业部部门预算“一上”建议方案一并申报，并按照财政部下达的下年度预算“一下”控制数编制“二上”预算，纳入农业部部门预算“二上”草案一并报送财政部。

六、专项资金预算编制的程序

根据所采用财政支持方式的不同，前补助课题和后补助课题的预算编报适用不同的程序和要求。

（一）前补助课题预算编制要求和程序

（1）前补助课题预算编制要求。

前补助课题支出预算包括直接费用和间接费用。支出预算的编制要求有：

——应当围绕所确定的课题目标，坚持目标相关性、政策相符性和经济合理性原则，有科学的测算依据并经过充分论证，以满足实施课题的合理需要；

——应当合理划分承担单位研究任务，体现整体设计、优势互补、技术集成，确保经费预算与任务分工和实施阶段相匹配；

——应当充分利用本单位、本区域、本领域现有设施设备等存量资源，避免重复浪费；

——应当以国家重大科学工程、国家和部门重点实验室、工程技术研究中心、农作物改良中心（分中心）等科研基地为平台，以任务为纽带，支撑技术创新和重点突破。

（2）前补助预算编制程序。

前补助课题按《……生物新品种培育重大专项管理办法》规定程序组织立项，并由课题负责人组织各承担单位财务部门会同科技管理部门共同研究，集中编制课题总预算和分年度预算，经牵头承担单位以课题为单元审核汇总后，作为实施计划的组成内容，按规定程序逐级上报至三部门综合平衡。

（二）后补助课题预算编制程序

（1）采用事前立项事后补助方式的课题，按照前补助方式规定的程序组织立项。对于研发经费需求量大、风险程度高、承担单位经济实力较弱的课题，可在立项当年按不超过该课题中央财政资金申报总额30%的标准，编报启动资金预算。其余中央财政资金待课题完成并通过验收后，由科技教育司会同财务司组织评估课题成果价值，提出后补助资金预算安排建议。

（2）采用事后立项事后补助方式的课题，按规定程序完成立项后，由科技教育司会同财务司组织评估课题成果价值并结合课题的实际支出，提出后补助资金的预算安排建议。对于具有相同研发目标和任务，并由多个单位分别开展研发的课题，原则上对其中一个获得排他性知识产权的单位给予后补助，或对已建立知识产权利益分享机制的多个单位分别按其分享份额给予后补助。

七、专项资金管理的政策文件

（1）《……生物新品种培育重大专项资金管理实施细则（试行）》（农办财〔2015〕153 号）。

（2）《……生物新品种培育重大专项管理办法》（农科教发〔2009〕10 号。

（3）《民口科技重大专项资金管理暂行办法》（财教〔2009〕218 号）。

（4）《国务院办公厅关于印发组织实施科技重大专项若干工作规则的通知》（国办发〔2006〕62 号）。

4.2.3　水体污染控制与治理科技重大专项

一、专项设立的目标和定位

水体污染控制与治理科技重大专项（以下简称水专项）是我国民口科技重大专项的项目之一，按照“自主创新、重点跨越、支撑发展、引领未来”的环境科技指导方针，从理论创新、体制创新、机制创新和集成创新出发，立足中国水污染控制和治理关键科技问题的解决与突破，遵循集中力量解决主要矛盾的原则，选择典型流域开展水污染控制与水环境保护的综合示范。

二、专项资金的支持对象

专项资金主要用于支持中国大陆境内具有独立法人资格，水专项领导小组批准承担任务的科研院所、高等院校、事业单位、企业等，开展水专项实施过程中市场机制不能有效配置资源的基础性和公益性研究，以及企业竞争前的共性技术和重大关键技术研究开发等公共科技活动，并对重大技术装备进入市场的产业化前期工作予以适当支持。

三、专项的组织管理

按照水专项的组织管理体系，专项资金实行分级管理，分级负责。水专项领导小组、牵头组织单位、水专项管理办公室和课题承担单位根据各自职责，分别负责专项资金管理的相关工作。

水专项领导小组负责协调牵头组织单位编制课题总预算和年度预算，与牵头组织单位共同组织落实中央财政资金以外其他渠道资金及相关配套条件，组织开展水专项资金的监督与检查等相关工作，负责对水专项其他资金管理工作进行指导。

环境保护部与住房和城乡建设部是水专项牵头组织单位（以下简称“牵头组织单位”），是水专项资金管理的责任主体。牵头组织单位的主要职责如下。

（1）组织落实课题承担单位、任务和经费安排。

（2）组织课题承担单位编报课题总预算和年度预算。

（3）按规定程序审核汇总课题总预算和年度预算建议方案并报批。

（4）会同领导小组组织落实中央财政资金以外其他渠道资金及相关配套条件。

（5）建立符合水专项特点的专项资金内部监管机制，保证水专项资金使用的规范性、安全性和有效性。

（6）对水专项实施中的重大预算调整提出建议，按规定审核课题预算执行中的一般性调整。

（7）组织课题承担单位编报水专项资金决算，报告资金使用情况。

（8）组织财务验收等。

牵头组织单位财务部门负责指导水专项资金管理的相关工作，主要职责是：

（1）按照财政部预算批复下达水专项资金总预算及年度预算，并办理请款拨款手续。

（2）审核申报水专项实施中的重大预算调整并按规定程序报财政部核批。

（3）按照民口科技重大专项资金国库集中支付管理的有关要求，负责课题承担单位特设账户管理业务，受理专项资金垫付备案和归垫申请审核及报批事项。

（4）审核专项资金采购进口产品申请，承办落实重大专项进口税收政策的相关业务。

（5）指导和监督执行水专项资金管理办法等其他相关政策制度。

水专项管理办公室（以下简称“水专项办”）在水专项领导小组和牵头组织单位的统一领导下，承担水专项领导小组办公室的职能，负责水专项资金管理的日常工作。水专项办的主要职责如下。

（1）承办落实课题承担单位、任务和经费安排等相关事项。

（2）承办对课题进行立项、实施、经费监督检查、验收、绩效评价、知识产权与成果管理等工作。

（3）负责组织审核申报水专项实施中的重大预算调整的报批工作，审核并备案课题预算执行中的一般性预算调整事项。

（4）督促与指导课题承担单位建立健全资金内部控制机制，建立和完善资金内部控制制度。

（5）组织课题承担单位开展预算及决算编报、特设账户开立与变更及资金垫付与归垫申请，受理采购进口物质免税申请。

（6）监督课题承担单位专项资金管理办法等相关政策制度的执行落实。

（7）监督检查中央财政资金以外其他渠道资金的到位和执行情况。

课题承担单位是课题经费使用和管理的责任主体，课题参与单位要配合承担单位做好资金管理的相关工作。课题承担单位主要职责如下。

（1）负责编制和执行课题预算。

（2）按规定使用和管理水专项资金，监督参与单位专项经费的预算执行情况。

（3）落实自筹资金及其他配套条件。

（4）严格执行专项经费管理办法及各项财务规章制度，接受监督、检查、审计、验收、绩效评价。

（5）编报专项资金据算，报告资金使用情况。

（6）建立健全内控制度。

四、专项资金预算编制的程序

结合水专项组织实施的要求和课题的特点，采取前补助、后补助等财政支持方式，前补助课题和后补助课题的预算编报适用不同的程序和要求。

（一）前补助课题预算编报程序

（1）牵头组织单位按国务院常务会议审议通过的《水体污染控制与治理科技重大专项实施方案》（以下简称“水专项实施方案”）规定程序组织立项，通过定向委托和择优相结合的方式，确定课题承担单位。组织课题承担单位财务部门会同科技管理部门编制课题总预算和年度预算，以课题为单元审核汇总后，作为实施计划的组成内容，按规定程序逐级上报至三部门进行综合平衡。

（2）牵头组织单位根据三部门综合平衡意见，组织修改和完善课题总预算和年度预算，汇总编制水专项预算建议方案，按规定程序在当年“一上”部门预算前一个月联合报送财政部，同时抄送科技部和发展改革委。

（3）财政部组织预算评审、批复总预算与分年度预算，确定下年度课题预算控制数，下达至牵头组织单位，同时抄送科技部、发展改革委和领导小组组长单位。

（4）牵头组织单位根据财政部预算评审结果，以及下达的年度预算“一下”控制数，组织课题承担单位编报“二上”预算。

（5）财政部按照法定预算程序正式批复牵头组织单位重大专项课题年度预算，并将批复情况函告科技部、发展改革委和领导小组组长单位。

（6）牵头组织单位根据课题立项批复和财政部批复的总预算与分年度预算，与课题承担单位签订任务合同书和预算书，作为提请财政部拨付资金的重要依据之一。

（二）后补助课题预算编报程序

（1）采用事前立项事后补助方式的课题，按照前补助方式规定的程序立项，课题完成并通过验收后，牵头组织单位组织评估课题成果价值，提出预算安排建议，按规定程序报财政部核批。

对于研发经费需求量大、风险程度高、承担单位经济实力较弱的课题，可事先拨付不超过该课题申报中央财政资金总额 30% 的启动经费。启动经费拨付和使用的管理，参照前补助课题资金管理规定执行。其余中央财政资金待课题完成并通过验收后，由牵头组织单位组织评估课题成果价值，提出预算安排建议并经财政部核批后，予以拨付，同时抄送科技部、国家发改委。

（2）采用事后立项事后补助方式的课题，按规定程序完成立项后，由牵头组织单位评估课题成果价值并结合课题的实际支出，提出预算安排建议，按规定程序报财政部核批，同时抄送科技部、国家发改委。对于具有相同研发目标和任务，并由多个单位分别开展研发的课题，一般由牵头组织单位根据验收情况，提出具体后补助的课题建议，原则上只对其中一个符合相关要求的课题给予后补助。同时，牵头组织单位综合成果价值和实际支出情况等因素，提出预算安排建议，按规定程序报财政部核批，同时抄送科技部、国家发改委。

通过事前立项事后补助方式获得的资金，课题承担单位可以用于补偿组织开展相关研发活动发生的各项支出。通过事后立项事后补助方式获得的资金，课题承担单位可以统筹安排。

五、专项资金管理的政策文件

（1）《水体污染控制与治理科技重大专项资金管理实施细则（试行）》（环办函〔2013〕541号）。

（2）《水体污染控制与治理科技重大专项管理办法（试行）》（环发〔2008〕117号）。

（3）《财政部关于民口科技重大专项项目（课题）预算调整规定的补充通知》（财教〔2012〕277号）。

（4）《民口科技重大专项资金管理暂行办法》（财教〔2009〕218号）。

（5）《国务院办公厅关于印发组织实施科技重大专项若干工作规则的通知》（国办发〔2006〕62号）。

4.3 国家重点研发计划

4.3.1 重点研发任务

一、项目的设立和定位

按照国发〔2014〕64号文件的要求，国家重点研发计划由国家重点基础研究发展计划（973）、国家高技术研究发展计划（863）、国家科技支撑计划、国际科技合作与交流专项、产业技术研究与开发资金、公益性行业科研专项等整合而成，是针对事关国计民生的重大社会公益性研究，以及事关产业核心竞争力、整体自主创新能力和国家安全的战略性、基础性、前瞻性重大科学问题、重大共性关键技术和产品、重大国际科技合作，为国民经济和社会发展主要领域提供持续性的支撑和引领。

二、项目的立项流程

（1）专业机构按照有关文件要求，依据重点专项实施方案编制概预算。财政部会同科技部共同组织重点专项概预算评估，并按程序批复概预算。

（2）科技部会同实施方案编制工作参与部门及专业机构，共同组织专家编制项目年度指南，统一通过国家科技管理信息系统发布。指南按项目征集。发布指南时可公布重点专项年度概算，但不先行设定项目预算控制额度。

（3）专业机构通过国家科技管理信息系统受理项目申报，并负责申报答疑、项目查重、申报材料形式审查等。自项目指南发布日到项目申报受理截止日，原则上不低于50天。项目、任务（课题）负责人实行限项管理。

（4）专业机构按照项目评估评审相关要求组织项目评估评审，推行视频评审，合理安排会议答辩评审。从受理项目申请到反馈立项结果原则上不超过120个工作日。

（5）专业机构完成评审工作后，提出项目安排方案、总预算和年度预算安排方案，并按相关要求进行公示。项目安排方案按相关要求报科技部，预算安排方案按照预算申报渠道报送财政部。

（6）科技部对重点专项立项程序的规范性、立项情况与任务目标和指南的相符性等提出意见，反馈专业机构并抄送财政部。财政部按照预算审核程序和要求，结合科技部意见，下达重点专项预算，并抄送科技部。

（7）专业机构根据通过合规性审核的项目和预算安排发布项目立项通知，并与项目牵头单位签订项目任务书（预算书）。任务书（预算书）中要明确项目的总体目标和年度目标、经费补助方式、预算金额和支出内容，各项考核指标要与经评审确认的指标相一致，必须“落地”、细化、具体、可考核，能够真正检验项目实施效果。

三、项目资金的组织管理

国家重点研发计划由重点专项组成，重点专项下设项目，项目可根据自身特点和需要下设课题（以下统称课题），课题可分解为多项子课题。

项目、课题、子课题的实施和资金管理使用的责任主体分别是项目牵头单位、课题承担单位和课题参与单位。

专业机构是重点专项管理的主体，对实现任务目标负责。专业机构负责拨付项目年度经费、组织中期检查（评估）等过程管理工作。在财政部批复重点专项概预算，专业机构完成重点专项项目预评审后，组织进入答辩评审环节的项目申报单位开展预算编报工作。

若项目下设多项课题，项目牵头单位负责组织各课题承担单位以课题为单元共同编制预算，各课题预算汇总形成项目预算；若项目不再下设课题，即项目任务为单一课题，该课题预算即为项目预算。

对于课题分解为多项子任务，由课题牵头单位和参与单位共同实施的，课题承担单位负责组织各课题参与单位共同编报课题预算。只需以课题为单元编制预算书，子任务预算要在预算书中有明确说明。

四、项目资金的预算管理

项目预算管理流程一般包括预算编报、预算评估、提出预算安排建议、签订项目任务书（预算书）、资金拨付等环节，具体如下。

（1）预算编制。项目申报单位应组织各任务（课题）牵头单位编报任务（课题）预算，并汇总形成项目预算。

（2）预算评估。专业机构委托相关机构独立开展预算评估。

（3）提出预算安排建议。

——新立项目，专业机构根据项目评审和预算评估结果、结合公示情况，提出重点专项项目安排方案和预算安排建议（包括总预算和年度预算安排建议），项目安排方案按相关要求报送科技部，预算安排建议按照预算申报程序报送财政部。

——在研项目，专业机构结合项目实施情况，提出年度预算安排建议，并报送财政部。

（4）签订项目任务书（预算书）。在财政部批复重点专项年度预算后，专业机构办理项目立项和项目经费预算的有关通知，并与项目单位签订项目任务书（预算书）。项目任务书（预算书）中应明确各任务（课题）预算。项目任务书（预算书）是项目以及各任务（课题）预算执行、财务验收和监督检查的依据。

（5）项目资金拨付。专业机构应按照国库集中支付制度规定，及时办理向项目承担单位支付年度项目资金的有关手续。专业机构在拨付资金时，应按照财政部有关要求，实施科研项目年初预拨机制，保证科研人员及时收到项目资金，顺利开展科研工作。

五、项目资金预算编制的注意事项

（1）《国家重点研发计划项目预算申报书》经国家科技管理信息系统双面打印；签章齐全；上报的纸件应与系统最终提交版本一致。

（2）如有自筹经费，需提供自筹经费证明；如申报购置单价达到10万元以上的设备或专用软件，需提供三家以上报价单。

（3）重点研发计划项目（课题）对预算编报表格和内容进行了简化优化，只有设备费和测试加工费保留了单独的科目报表。

（4）单价≥10万元的设备购置需提供三家以上产品报价单及其联系电话等详细资料；预算购置/试制单台仪器设备单价≥50万元时，还要详细说明必要性和用途。

六、项目资金管理的政策文件

（1）财政部 科技部关于印发《国家重点研发计划资金管理办法》的通知（财科教〔2016〕113号）。

（2）科技部 财政部《关于改革过渡期国家重点研发计划组织管理有关事项的通知》（国科发资〔2015〕423号）。

（3）《科技部 财政部关于印发〈中央财政科技计划（专项、基金等）监督工作暂行规定〉》的通知（国科发政〔2015〕471号）。

（4）中共中央办公厅、国务院办公厅印发《关于进一步完善中央财政科研项目资金管理等政策的若干意见》（中办发〔2016〕50号）。

（5）《国务院印发关于深化中央财政科技计划（专项、基金等）管理改革方案的通知》（国发〔2014〕64号）。

（6）《国务院关于改进加强中央财政科研项目和资金管理的若干意见》（国发〔2014〕11号）。

4.3.2 重大国际科技合作

一、项目的设立和定位

国际合作项目主要支持对于融入全球创新网络具有重大关键作用、已纳入或应纳入双多边政府间合作协议的重大科技合作任务，共性关键技术转移国际合作任务，以及发起或参与国际重大科学工程等方面的合作任务。

二、项目的支持范围

政府间双边和多边科技合作协定或者协议框架确定的政府间科技合作；与国外一流科研机构、著名大学、企业开展实质性合作研发；海外杰出科技人才或者优秀创新团队来华从事短期或者长期工作；我国国际科技合作基地建设。

三、项目资金的预算管理

来源预算除申请专项经费外，有自筹经费、外方投入经费来源的，需提供出资证明及其他相关财务资料。自筹经费包括单位的自有货币资金、专门用于合作研发与交流的其他货币资金等。外方投入经费是指外方投入的由中方支配和使用的货币资金。外方投入中不由中方支配、使用的货币资金，以及设备、人员、技术等非货币资金投入不列入来源预算，但应在来源预算说明中予以明确，包括外方各种投入的主要用途、使用方案，以及外方投入与合作研发成果、知识产权分享的关系。

支出预算按照经费开支范围确定的支出科目和不同经费来源编列，同一支出科目一般不得同时列支专项经费、自筹经费和外方投入经费。支出预算应当对各项支出的主要用途和测算理由等进行详细说明。

四、项目预算编制的程序

项目申报单位在接到科技部编制项目预算通知后，应当组织本单位国际合作部门、科研管理部门、财务部门会同项目负责人编制项目预算。

项目申报单位进入国家科技管理信息系统公共服务平台，填报政府间国际科技创新合作预算书。

科技部、财政部组织专家或委托中介机构组织专家（包括财务管理专家、同行专家、国际科技合作管理专家）对项目预算进行评审或评估，并对预算评审或评估结果进行审核。对于项目预算存在重大异议的，应当按照程序进行复评。

科技部按照财政科技经费管理的要求，提出项目预算安排建议报财政部批复后，向项目申请单位下达项目立项批复和预算批复。

科技部根据项目立项批复和预算批复，与项目推荐部门、项目承担单位签订项目任务合同书和项目预算书。

五、项目资金预算编制的主要内容

专项经费主要用于支付在项目组织实施过程中发生的，与国际科技合作与交流直接相关的各项费用。其开支范围主要包括设备费、材料费、测试化验加工费、燃料动力费、技术引进费、差旅费、会议费、合作交流费、出版/文献/信息传播/知识产权事务费、劳务费、专家咨询费、管理费和其他费用。

六、项目资金管理的政策文件

（1）《国家重点研发计划政府间国际科技创新合作重点专项项目预算编报指南》。

（2）《国家国际科技合作专项管理办法》（国科发外〔2011〕376 号）。

（3）《国际科技合作与交流专项经费管理办法》（财教〔2007〕428 号）。

4.4 国家基金类项目

4.4.1 国家自然科学基金

一、项目的设立和定位

20世纪80年代初，为推动我国科技体制改革，变革科研经费拨款方式，中国科学院89位院士（学部委员）致函党中央、国务院，建议设立面向全国的自然科学基金，得到党中央、国务院的首肯。随后，在邓小平同志的亲切关怀下，国务院于1986年2月14日批准成立国家自然科学基金委员会。自然科学基金坚持支持基础研究，逐渐形成和发展了由研究项目、人才项目和环境条件项目三大系列组成的资助格局。多年来，自然科学基金在推动我国自然科学基础研究的发展，促进基础学科建设，发现、培养优秀科技人才等方面取得了巨大成绩。

二、项目的体系构成

按照资助类别可分为面上项目、重点项目、重大项目、重大研究计划、国家杰出青年科学基金、海外、港澳青年学者合作研究基金、创新研究群体科学基金、国家基础科学人才培养基金、专项项目、联合资助基金项目以及国际（地区）合作与交流项目等。通过亚类说明、附注说明还可将一些资助类别进一步细化。所有这些资助类别各有侧重，相互补充，共同构成当前的自然科学基金资助体系。

三、项目的组织管理

财政部根据国家科技发展规划，结合国家自然科学基金资金需求和国家财力可能，将项目资金列入中央财政预算，并负责宏观管理和监督。

国家自然科学基金委员会（以下简称自然科学基金委）依法负责项目的立项和审批，并对项目资金进行具体管理和监督。

依托单位是项目资金管理的责任主体，应当建立健全“统一领导、分级管理、责任到人”的项目资金管理体制和制度，完善内部控制和监督约束机制，合理确定科研、财务、人事、资产、审计、监察等部门的责任和权限，加强对项目资金的管理和监督。依托单位应当落实项目承诺的自筹资金及其他配套条件，对项目组织实施提供条件保障。

项目负责人是项目资金使用的直接责任人，对资金使用的合规性、合理性、真实性和相关性承担法律责任。项目负责人应当依法据实编制项目预算和决算，并按照项目批复预算、计划书和相关管理制度使用资金，接受上级和本级相关部门的监督检查。

四、国家自然科学基金的资助方式

国家自然科学基金项目一般实行定额补助资助方式。对于重大项目、国家重大科研仪器研制项目等研究目标明确，资金需求量较大，资金应当按项目实际需要予以保障的项目，实行成本补偿资助方式。各类别的国家自然科学基金资助强度不同，一般资助强度见表4.2。

表 4.2　国家自然科学基金一般资助强度

类　别	一般资助强度（万元）	研究期限（年）
青年项目	20～30	3
面上项目	80	4
重点项目	300～500	5
重大项目	1 500	35
国际合作项目	200	3

五、项目预算编制的程序

（1）项目负责人（或申请人）应当根据目标相关性、政策相符性和经济合理性原则，编制项目收入预算和支出预算。

收入预算应当按照从各种不同渠道获得的资金总额填列。包括国家自然科学基金资助的资金以及从依托单位和其他渠道获得的资金。

支出预算应当根据项目需求，按照资金开支范围编列，并对直接费用支出的主要用途和测算理由等作出说明。对仪器设备鼓励共享、试制、租赁以及对现有仪器设备进行升级改造，原则上不得购置，确有必要购置的，应当对拟购置设备的必要性、现有同样设备的利用情况以及购置设备的开放共享方案等进行单独说明。合作研究经费应当对合作研究单位资质及拟外拨资金进行重点说明。

（2）依托单位应当组织其科研和财务管理部门对项目预算进行审核。有多个单位共同承担一个项目的，依托单位的项目负责人（或申请人）和合作研究单位参与者应当根据各自承担的研究任务分别编报资金预算，经所在单位科研、财务部门审核并签署意见后，由项目负责人（或申请人）汇总编制。

（3）申请人申请国家自然科学基金项目，应当按照有关办法规定编制项目资金预算，经依托单位审核后提交自然科学基金委。

（4）对于实行定额补助方式资助的项目，自然科学基金委组织专家对项目和资金预算进行评审，根据专家评审意见并参考同类项目平均资助强度确定项目资助额度。

对于实行成本补偿方式资助的项目，自然科学基金委组织专家或择优遴选第三方对项目资金预算进行专项评审，根据项目实际需求确定预算。

六、项目资金管理的政策文件

（1）国家自然科学基金条例（中华人民共和国国务院令第 487 号）。

（2）关于印发《国家自然科学基金资助项目资金管理办法》的通知（财教〔2015〕15 号）。

（3）《财政部 国家自然科学基金委员会 关于国家自然科学基金资助项目资金管理有关问题的补充通知》（财科教〔2016〕19 号）。

（4）《国家自然科学基金面上项目管理办法》（2011 年 4 月）。

（5）《国家自然科学基金重点项目管理办法》（2015 年 12 月）。

(6)《国家自然科学基金重大项目管理办法》(国科金发计〔2015〕60 号)。

(7) 国家自然科学基金国际(地区)合作研究项目管理办法(2009 年 9 月)。

(8) 国家自然科学基金国际(地区)合作交流项目管理办法(2014 年 2 月)。

4.4.2 国家社会科学基金

一、项目的设立和定位

国家社会科学基金(简称国家社科基金)设立于 1991 年,由全国哲学社会科学规划办公室负责。其主要职责是制定国家哲学社会科学研究中长期规划和年度计划,管理国家社科基金,组织评审立项、中期管理、成果验收、宣传推介等工作。国家社科基金设有马克思主义·科学社会主义、党史·党建、哲学、理论经济、应用经济、政治学、社会学、法学、国际问题研究、中国历史、世界历史、考古学、民族问题研究、宗教学、中国文学、外国文学、语言学、新闻学与传播学、图书馆·情报与文献学、人口学、统计学、体育学、管理学等 23 个学科规划评审小组以及教育学、艺术学、军事学三个单列学科。

二、项目的体系构成

国家社科基金设立重大项目、年度项目、青年项目、后期资助项目、中华学术外译项目、西部项目、特别委托项目等项目类型。国家社科基金项目类型根据经济社会发展变化和哲学社会科学发展需要,进行适时调整和不断完善。不同类型项目的资助领域和范围各有侧重。

重大项目资助中国特色社会主义经济、政治、文化、社会和生态文明建设及军队、外交、党的建设的重大理论和现实问题研究,资助对哲学社会科学发展起关键性作用的重大基础理论问题研究。

年度项目包括重点项目、一般项目,主要资助对推进理论创新和学术创新具有支撑作用的一般性基础研究,以及对推动经济社会发展实践具有指导意义的专题性应用研究。

青年项目资助培养哲学社会科学青年人才。

后期资助项目资助哲学社会科学基础研究领域先期没有获得相关资助、研究任务基本完成、尚未公开出版、理论意义和学术价值较高的研究成果。

中华学术外译项目资助翻译出版体现中国哲学社会科学研究较高水平、有利于扩大中华文化和中国学术国际影响力的成果。

西部项目资助涉及推进西部地区经济持续健康发展、社会和谐稳定,促进民族团结、维护祖国统一,弘扬民族优秀文化、保护民间文化遗产等方面的重要课题研究。

特别委托项目资助因经济社会发展急需或者其他特殊情况临时提出的重大课题研究。

三、项目的组织管理

全国哲学社会科学规划领导小组(以下简称全国社科规划领导小组)领导国家社科基金管理工作。全国哲学社会科学规划办公室(以下简称全国社科规划办)作为全国社科规划领导小组的办事机构，负责国家社科基金日常管理工作。

各省、自治区、直辖市和新疆生产建设兵团哲学社会科学规划办公室及全军哲学社会科学规划办公室（以下简称省区市社科规划办），以及中央党校科研部、中国社会科学院科研局、教育部社会科学司（以下简称在京委托管理机构），受全国社科规划办委托，协助做好本地区本系统国家社科基金项目申请和管理工作。

中华人民共和国境内的高等学校、党校、社会科学院等科研院（所），党政机关研究部门，军队系统研究部门，以及其他具有独立法人资格的公益性社会科学研究机构，作为国家社科基金项目申请和管理的责任单位。

（1）组织本单位哲学社会科学研究人员申请国家社科基金项目。

（2）审核本单位申请人或者项目负责人所提交材料的真实性和有效性。

（3）提供国家社科基金项目实施的条件。

（4）跟踪管理国家社科基金项目的实施和资助经费的使用。

（5）配合全国社科规划办、省区市社科规划办和在京委托管理机构对国家社科基金项目的实施和资助经费的使用进行监督、检查。

四、项目预算编制程序

（1）项目负责人应当按照目标相关性、政策相符性和经济合理性原则，根据项目研究需要和资金开支范围，科学合理、实事求是地编制项目预算，并对直接费用支出的主要用途和测算理由等作出说明。

项目负责人应当在收到立项通知之日起30日内完成预算编制。无特殊情况，逾期不提交的，视为自动放弃资助。

（2）项目预算经责任单位、所在省区市社科规划办或在京委托管理机构审核并签署意见后，提交全国哲学社会科学规划办公室（以下简称全国社科规划办）审核。未通过审核的，应当按要求调整后重新上报。

（3）跨单位合作的项目，确需外拨资金的，应当在项目预算中单独列示，并附外拨资金直接费用支出预算。间接费用外拨金额，由责任单位和合作研究单位协商确定。

五、项目资金预算编制的主要内容

项目资金支出是指在项目组织实施过程中与研究活动相关的、由项目资金支付的各项费用支出。项目资金分为直接费用和间接费用。

（一）直接费用

是指在项目研究过程中发生的与之直接相关的费用，具体包括如下。

（1）资料费：指在项目研究过程中需要支付的图书（包括外文图书）购置费，资料收集、整理、复印、翻拍、翻译费，专用软件购买费，文献检索费等。

（2）数据采集费：指在项目研究过程中发生的调查、访谈、数据购买、数据分析及相应技术服务购买等支出的费用。

（3）会议费/差旅费/国际合作与交流费：指在项目研究过程中开展学术研讨、咨询交流、考察调研等活动而发生的会议、交通、食宿等费用，以及项目研究人员出国及赴港澳台、外国专家来华及港澳台专家来内地开展学术合作与交流的费用。其中，不超过直接费用20%的，不需要提供预算测算依据。

（4）设备费：指在项目研究过程中购置设备和设备耗材、升级维护现有设备以及租用外单位设备而发生的费用。应当严格控制设备购置，鼓励共享、租赁以及对现有设备进行升级。

（5）专家咨询费：指在项目研究过程中支付给临时聘请的咨询专家的费用。专家咨询费预算由项目负责人按照项目研究实际需要编制，支出标准按照国家有关规定执行。

（6）劳务费：指在项目研究过程中支付给参与项目研究的研究生、博士后、访问学者以及项目聘用的研究人员、科研辅助人员等的劳务费用。

项目聘用人员的劳务费开支标准，参照当地科学研究和技术服务业人员平均工资水平以及在项目研究中承担的工作任务确定，其社会保险补助费用纳入劳务费列支。劳务费预算应根据项目研究实际需要编制。

（7）印刷出版费：指在项目研究过程中支付的打印费、印刷费及阶段性成果出版费等。

（8）其他支出：项目研究过程中发生的除上述费用之外的其他支出，应当在编制预算时单独列示，单独核定。

（二）间接费用

是指责任单位在组织实施项目过程中发生的无法在直接费用中列支的相关费用，主要用于补偿责任单位为项目研究提供的现有仪器设备及房屋、水、电、气、暖消耗等间接成本，有关管理费用，以及激励科研人员的绩效支出等。

间接费用一般按照不超过项目资助总额的一定比例核定。具体比例如下：50万元及以下部分为30%；超过50万~500万元的部分为20%；超过500万元的部分为13%。

六、项目资金管理的政策文件

（1）关于印发《国家社会科学基金项目资金管理办法》的通知（财教〔2016〕304号）。

（2）全国哲学社会科学规划领导小组关于印发《国家社会科学基金项目管理办法》的通知（社科规划领字〔2001〕1号）。

4.5 定额管理类专项经费

4.5.1 国家重点实验室专项经费

一、专项经费的设立和定位

2014年，《关于深化中央财政科技计划（专项、基金等）管理改革的方案》提出，对科技部管理的国家（重点）实验室、国家工程技术研究中心、科技基础条件平台，发展改革委管理的国家工程实验室、国家工程研究中心等合理归并，进一步优化布局，按功能定位分类整合，完善评价机制，加强与国家重大科技基础设施的相互衔接。提高高校、科研院所科研设施开放共享程度，盘活存量资源，鼓励国家科技基础条件平台对外开放共享和提供技术服务，促进国家重大科研基础设施和大型科研仪器向社会开放，实现跨机构、跨地区的开放运行和共享。

国家实验室是国家科技创新体系的重要组成部分，是国家组织高水平基础研究和应用基础研究、聚集和培养优秀科学家、开展学术交流的重要基地。实验室是依托大学、科研院所和其他具有原始创新能力的机构建设的科研实体，具有相对独立的人事权和财务权。

实验室的主要任务是根据国家科技发展方针，围绕国家发展战略目标，针对学科发展前沿和国民经济、社会发展及国家安全的重大科技问题，开展创新性研究。其目标是获取原始创新成果和自主知识产权。

国家重点实验室专项经费主要用于支持按照《国家重点实验室建设与运行管理办法》设立的国家重点实验室（以下简称重点实验室，不包括依托单位为企业的重点实验室）开放运行、自主创新研究和仪器设备更新改造等。

二、专项经费的申请条件

（1）一般为已运行、并对外开放2年以上的部门（地方、高科技企业）重点实验室，在本领域中具有国际先进水平或特色，能承担和完成国家重大科研任务。

（2）依托单位能为实验室提供后勤保障及相应经费等配套条件。

（3）主管部门能保证实验室建设配套经费及建成后实验室的运行经费。

三、专项经费的申请程序

依据《国家重点实验室建设规划》，申报实验室由依托单位提出、主管部门择优推荐（无主管部门的机构，可直接向科技部申报），并报送《国家重点实验室建设申请报告》，科技部组织专家评审。评审通过后，由申请单位填报《国家重点实验室建设计划任务书》，经主管部门初审，报科技部批准立项。

实验室立项后进入建设实施期，其国拨及配套经费应根据《国家重点实验室建设计划任务书》要求安排，主要用于购置先进仪器设备及必要软件等，大型仪器设备的购置应采用招标形式。

四、专项经费的组织管理

（1）稳定支持，长效机制。按照科学研究的规律，加大对重点实验室稳定支持力度，为其正常运转提供保障，推动建立有利于重点实验室持续发展、不断创新的长效机制。

（2）分类管理，追踪问效。按照专项经费用途分类实行不同的预算管理方式，建立相应的绩效评价制度，提高资金使用效益。

（3）动态调整，择优委托。对重点实验室运行管理进行定期评估和动态调整，被撤销的重点实验室不纳入专项经费支持范围。国家级科技计划专项经费、基金等应当按照项目、基地、人才相结合的原则，优先委托有条件的重点实验室承担。

（4）单独核算，专款专用。重点实验室专项经费应当纳入依托单位财务统一管理，单独核算，专款专用，加强监督管理。

五、专项经费的预算管理

科技部根据重点实验室总规划，批准重点实验室的建立、调整和撤销，定期组织重点实验室评估，将评估结果送财政部。

（一）开放运行费和基本科研业务费预算实行分类分档管理，下达程序包括。

（1）科技部根据重点实验室定期评估结果，结合年度考核情况、学科领域特点、规模等，提出重点实验室档次划分建议，送财政部。

（2）财政部会同科技部根据分档情况，结合财力可能，确定分类分档支持标准。

（3）财政部按照分类分档情况和支持标准，按照相应预算渠道下达开放运行费和基本科研业务费预算，并抄送科技部。

（二）科研仪器设备经费预算申报和下达程序。

（1）每一年重点实验室评估结束后，当年参加评估（不含建设期）的重点实验室编制科研仪器设备工作方案（含经费预算）。工作方案编报年限一般为三年。重点实验室应当按照研究方向和发展目标，结合基础条件和人员队伍现状等，以形成各具特色的研究实验体系为目标，根据实际需求和预计可以完成的工作量，区分轻重缓急，科学合理、实事求是地进行编制。

（2）科研仪器设备工作方案由依托单位出具审核意见并汇总后报主管部门或按相应预算渠道报相关地方财政部门，主管部门或相关地方财政部门商科技行政主管部门出具审核意见并汇总后报送财政部，同时抄送科技部。

（3）依托单位超过一个的重点实验室应统一编制总体工作方案，再分解到实验室各组成部分，经各自依托单位审核后报送至第一依托单位，由第一依托单位审核汇总后按相应渠道上报。

（4）财政部、科技部组织专家或委托中介机构对科研仪器设备工作方案进行评审评估。财政部结合重点实验室定期评估结果和专项经费评审评估结果、学科领域特点，核定并按相应预算渠道下达仪器设备经费年度预算，并抄送科技部。

六、专项经费预算编制的主要内容

专项经费开支范围包括由重点实验室直接使用、与重点实验室任务直接相关的开放运行费、基本科研业务费和仪器设备费。

（一）开放运行费包括日常运行维护费和对外开放共享费

（1）日常运行维护费是指维持重点实验室正常运转、完成日常工作任务发生的费用，包括办公及印刷费、水电气燃料费、物业管理费、图书资料费、差旅费、会议费、日常维修费、小型仪器设备购置改造费、公共试剂和耗材费、专家咨询费和劳务费等。

（2）对外开放共享费是指重点实验室支持开放课题、组织学术交流合作、研究设施对外共享等发生的费用。

包括对外开放共享过程中发生的与工作直接相关的材料费、测试化验加工费、差旅费、会议费、出版/文献/信息传播/知识产权事务费、专家咨询费、劳务费、高级访问学者经费等。重点实验室固定人员不得使用开放课题经费。

（二）基本科研业务费是指重点实验室围绕主要任务和研究方向开展持续深入的系统性研究和探索性自主选题研究等发生的费用

具体包括与研究工作直接相关的材料费、测试化验加工费、差旅费、会议费、出版/文献/信息传播/知识产权事务费、专家咨询费、劳务费等。

（三）科研仪器设备费是指正常运行且通过评估或验收的重点实验室，按照科研工作需求进行五年一次的仪器设备更新改造等发生的费用

包括直接为科学研究工作服务的仪器设备购置；利用成熟技术对尚有较好利用价值、直接服务于科学研究的仪器设备所进行的功能扩展、技术升级；与重点实验室研究方向相关的专用仪器设备研制；为科学研究提供特殊作用及功能的配套设备和实验配套系统的维修改造等费用。

七、专项经费管理的政策文件

《国家重点实验室建设与运行管理办法》（国科发基〔2008〕539 号）。

4.5.2　国家科技基础性条件平台专项经费

一、专项的设立和定位

2005 年，科技部联合财政部在中央本级设立专项资金，以跨部门、跨行业、跨地区的科技基础条件资源的整合与共享为重点，正式启动实施了国家科技基础条件平台专项（以下简称平台专项），在研究实验基地和大型科学仪器设备、自然科技资源、科学数据、科技文献、成果转化公共服务、网络科技环境等六大领域布局实施。

科技部根据科技创新和经济社会发展需求，对国家科技基础条件平台实行合理布局、总量控制、动态管理，促进科技条件资源整合和高效利用，推动资源的市场化、社会化共享，提高资源利用效率。

二、专项资金的组织管理

国家科技基础条件平台专项经费实行共享服务后补助。

共享服务后补助是指对面向社会开展公共服务并取得绩效的国家科技基础条件平台，经科技部、财政部绩效考核通过后，给予相应补助。

（一）共享服务后补助的绩效考核主要内容

（1）服务情况。包括资源服务数量和质量、服务对象数量及范围、资源深度挖掘与集成、提供科技支撑取得的效果、平台服务带来的经济和社会效益等。

（2）运行管理情况。包括组织机构运行、平台管理制度落实以及运行机制保障等。

（3）资源整合情况。包括资源增量与质量、资源维护与更新等。

（二）共享服务后补助的程序管理

（1）发布通知。科技部、财政部向国家科技基础条件平台所在单位发布绩效考核通知，单位根据通知要求进行申报。申报材料应当包括平台运行管理、开放共享等情况，以及反映服务绩效的相关内容和运行服务成本等。

（2）绩效考核。科技部、财政部组织专家或委托中介机构，对申报单位的资源共享服务绩效进行考核，形成绩效考核结论。

（3）绩效考核结果公示。科技部将申报单位的共享服务绩效考核结论进行公示。

（4）实施补助。科技部、财政部对共享服务后补助实行分类分档定额补助，根据绩效考核结论，确定共享服务后补助方案。后补助经费按照相关预算和国库管理制度有关规定支付。共享服务后补助经费主要用于国家科技基础条件平台的运行服务。

不参加绩效考核或连续两次绩效考核较差的国家科技基础条件平台，不再纳入共享服务后补助范围。

三、专项经费的预算管理

科技部会同财政部开展国家科技基础性条件平台认定和绩效考核工作，对通过认定的国家科技平台，根据绩效考核结果，中央财政给予运行服务奖励补助。

奖补经费下达至各平台牵头单位。各平台应当按照国家科技平台绩效考核指标的有关要求，在对参加单位进行绩效考评的基础上，由平台理事会等决策机构根据各参加单位运行服务情况统筹支配。

各平台依托单位应当建立健全奖补经费内部管理机制，制定内部管理办法，由相应平台的牵头单位汇总，经部财务司、科教司审核后，报财政部、科技部备案。在后续运行服务绩效考核时，应对奖励补助经费的分配和使用情况作出详细说明。

四、专项经费的预算编制要求

奖补经费既是对前期平台工作的奖励性补助，也是对平台可持续发展的支持，应当重点用于提升平台服务能力，创新服务方式，深化服务内容，提高服务水平，不得用于有工资性收入的人员工资、奖金、津补贴和福利支出，不得用于与平台运行发展无关的支出，不得开支罚款、捐赠、赞助、投资等，严禁以任何方式牟取私利。

按照部门预算有关规定执行。

五、专项经费管理的政策文件

《国家科技计划及专项资金后补助管理规定》（财教〔2013〕433 号）。

4.5.3 中央级公益性科研院所基本科研业务费

一、专项经费的设立和定位

基本科研业务费用于支持科研院所开展符合公益职能定位，代表学科发展方向，体现前瞻布局的自主选题研究工作。基本科研业务费的使用方向包括如下。

（1）由科研院所自主选题开展的科研工作。

（2）所属行业基础性、支撑性、应急性科研工作。

（3）团队建设及人才培养。

（4）开展国际科技合作与交流。

（5）科技基础性工作等其他工作。

二、专项经费的组织管理

（1）稳定支持，长效机制。基本科研业务费稳定支持科研院所培育优秀科研人才和团队，为科研院所形成有益于持续发展、不断创新的长效机制提供经费支持。

（2）分类分档，动态调整。财政部根据院所规模、学科特点、绩效评价结果等，结合财力可能，确定分类分档支持标准，并结合科研院所预算执行情况等因素每年对经费进行动态调整。

（3）依托院所、突出重点。基本科研业务费的使用应当依托科研院所已有的科研条件、设施和环境，优先支持有助于科研院所符合职能定位、实现学科布局与发展规划目标、有利于培育优秀科研人才和团队的选题以及所属行业基础性、支撑性、应急性科研工作。

（4）专款专用，严格管理。科研院所应当充分发挥基本科研业务费管理的法人责任，建立健全基本科研业务费内部管理制度，将基本科研业务费纳入依托单位财务统一管理，单独核算，专款专用。

三、专项经费的预算管理

财政部负责核定科研院所基本科研业务费支出规划及年度预算，以项目支出“基本科研业务费”方式随部门预算下达。

（一）主管部门的主要职责

（1）应当按照部门预算管理的有关要求，加强对基本科研业务费的管理。

（2）负责根据行业科技规划、行业应用需求以及院所职能定位，提出通过基本科研业务费支持的行业基础性、支撑性、应急性科研工作要求。

（3）负责组织基本科研业务费中期绩效评价。中期绩效评价一般每三年开展一次，对基本科研业务费管理和使用绩效进行全面考核。中期绩效评价结果需报财政部备案，作为以后年度预算安排的重要依据。

（二）科研院所为基本科研业务费管理和使用的责任主体

主要职责包括：

（1）切实履行在资金申请、资金分配、资金使用、监督检查等方面的管理职责，建立常态化的自查自纠机制。

（2）负责组建基本科研业务费管理咨询委员会。

（3）负责开展基本科研业务费使用的年度监管，主要包括科研进展、科研产出、人才团队建设、资金使用等方面。

管理咨询委员会委员应包括主管部门科技管理部门、财务管理部门和科研院所负责人、科研人员以及经济或财务管理专家等，如设有学术委员会的科研院所，管理咨询委员会还应包括学术委员会负责人。院所两级法人的单位，应同时包括院所两级负责人。根据实际需要，可以邀请来自行业协会、其他科研院所以及高等院校的专家参加管理咨询委员会。管理咨询委员会设主任委员一名，负责主持管理咨询委员会工作，一般由科研院所负责人担任（院所两级法人的单位，由院级法人单位负责人担任）。管理咨询委员会委员应根据实际工作需要定期或不定期调整。

主管部门应当在每年 9 月底之前提出下年通过基本科研业务费支持的行业基础性、支撑性、应急性科研工作的具体任务。

科研院所根据主管部门提出的工作任务以及拟自主开展的有关工作，形成基本科研业务费年度支持项目及预算建议方案，提交管理咨询委员会进行咨询审议。

管理咨询委员会应当建立回避制度，并在2/3以上委员到会时开展咨询审议。咨询审议意见分为同意资助和不予资助，并对同意资助项目按照优先顺序排序。咨询审议意见是科研院所确定基本科研业务费分配结果的主要依据。

科研院所根据咨询审议意见以及基本科研业务费年度预算规模，确定年度资助项目。管理咨询委员会咨询审议意见以及年度资助项目在科研院所内部公示（涉密项目除外）后，科研院所应当与资助对象或团队负责人签订工作任务书。资助对象或团队负责人一般为科研院所在编人员。

如需调整工作任务，需经管理咨询委员会审议后，经科研院所负责人批准，重新签订工作任务书。工作任务书格式由科研院所自行确定，其中应当明确预算数和绩效目标。

科研院所为院所两级法人的单位，院级法人与所级法人签订工作任务书；所级法人根据与院级法人签订的工作任务书，与资助对象或团队负责人签订工作任务书。

四、专项经费预算编制的注意事项

（1）科研院所可以使用基本科研业务费联合院（所）外单位共同开展研究工作。合作研究经费一般不能拨至科研院所以外单位，确需外拨时应经管理咨询委员会审议通过，并签订科研任务合同等。

（2）科研院所基本科研业务费中支持40岁以下青年科研人员牵头负责科研工作的比例，一般不得低于年度预算的30%。

（3）基本科研业务费具体开支范围由科研院所按照国家有关科研经费管理规定，结合本单位实际情况确定。但不得开支有工资性收入的人员工资、奖金、津补贴和福利支出，不得分摊院所公共管理和运行费用（含科研房屋占用费），不得开支罚款、捐赠、赞助、投资等。

五、专项经费管理的政策文件

（1）《中央级公益性科研院所基本科研业务费专项资金管理办法》的通知（财教〔2016〕268号）。

（2）《农业部基本科研业务费专项资金管理办法》（农办财〔2016〕58号）。

（3）中国农业科学院关于印发《中国农业科学院基本科研业务费专项管理实施细则》的通知（农科院科〔2016〕314号）。

4.5.4 现代农业产业技术体系专项资金

一、专项资金的设立和定位

按照优势农产品区域布局规划，依托具有创新优势的现有中央和地方科研力量和科技资源，围绕产业发展需求，以农产品为单元，以产业为主线，建设从产地到餐桌、从生产到消费、从研发到市场各个环节紧密衔接、环环相扣、服务国家目标的现代农业产业技术体系，提升农业科技创新能力，增强我国农业竞争力。

围绕产业发展需求，集聚优质资源，进行共性技术和关键技术研究、集成、试验和示范；收集、分析农产品的产业及其技术发展动态与信息，系统开展产业技术发展规划和产业经济政策研究，为政府决策提供咨询，向社会提供信息服务；开展技术示范和技术服务。

二、专项资金的体系构成

现代农业产业技术体系由产业技术研发中心和综合试验站二个层级构成。

针对每一个农产品，设置一个国家产业技术研发中心和一个首席科学家岗位。每一个国家产业技术研发中心由若干功能研究室组成，每个功能研究室设一个研究室主任岗位和若干个研究岗位。其主要职能是：从事产业技术发展需要的基础性工作；开展关键和共性技术攻关与集成，解决国家和区域的产业技术发展的重要问题；开展产业技术人员培训；收集、监测和分析产业发展动态与信息；开展产业政策的研究与咨询；组织相关学术活动；监管功能研究室和综合试验站的运行。

根据每一个农产品的区域生态特征、市场特色等因素，在主产区设立若干综合试验站，每个综合试验站设一个试验站站长岗位。其主要职能是：开展产业综合集成技术的试验、示范；培训技术推广人员和科技示范户，开展技术服务；调查、收集生产实际问题与技术需求信息，监测分析疫情、灾情等动态变化并协助处理相关问题。

三、专项资金的预算管理

专项资金主要用于产业技术体系中的产业技术研发中心（由若干功能研究室组成）、综合试验站的基本研发费和仪器设备购置费补助。

（1）合理安排，避免重复。按照农业产业发展的内在规律，合理安排专项资金在产业发展各环节、各产业和各区域的投入，与国家科技计划（专项）资金、地方政府资金和建设依托单位资金等有机衔接，避免重复交叉。

（2）稳定支持，动态考评。建立稳定支持、有益于产业技术体系持续发展、不断创新的长效机制。建立年度考核和综合考核相结合的绩效考评制度。根据考核结果实行优胜劣汰，动态调整。

（3）围绕目标，科学预算。围绕产业技术体系发展的目标，科学合理地编制和安排预算，杜绝随意性。

（4）规范管理，专款专用。专项资金应当纳入建设依托单位财务统一管理，单独核算，确保专款专用。

四、专项资金预算编制的程序

各产业技术体系的首席科学家组织执行专家组在制定未来五年研究开发和试验示范任务规划，财政部会同农业部确定各产业技术体系基本研发费的定额标准，农业部会同财政部确定各产业技术体系中功能研究室、综合试验站及其人员岗位的数量。

按照对各产业技术体系的绩效考评结果，根据定额标准和相关岗位数量进行测算的预算总规模，由首席科学家组织执行专家组，提出本体系内各功能研究室、综合试验站下一年度基本研发费的建议下达额度，经农业部审核报财政部审定后，由财政部按照相关建设依托单位的隶属关系，通过相应的预算渠道下达基本研发费的年度资金预算。同时，由农业部将下达的预算方案抄送各产业技术研发中心依托单位和首席科学家。

仪器设备购置费是指建设产业技术体系需要新增的单台（件）价值 5 万元以上专

用科研仪器设备的购置费。建设依托单位隶属于中央的，新增的仪器设备购置费由中央财政负担；建设依托单位隶属于地方的，新增的仪器设备购置费由中央财政和地方财政各负担50%。

仪器设备购置费预算的申报和下达程序：

（1）各产业技术体系的首席科学家组织执行专家组在制定未来五年研究开发和试验示范任务规划和分年度计划的同时，结合相关建设依托单位的现有基础条件，制定本体系未来五年的仪器设备购置规划和分年度购置计划，一起上报管理咨询委员会办公室。

（2）建设依托单位隶属于中央的，由建设依托单位会同体系内人员共同编制新增仪器设备购置费的年度预算，通过相应预算渠道报财政部。

（3）建设依托单位隶属于地方的，由建设依托单位会同体系内人员共同编制新增仪器设备购置费的年度预算（含中央和地方各负担的50%），按相应程序报经同级财政部门同意后，通过相应预算渠道报财政部。

（4）财政部会同农业部组织专家或委托中介机构进行预算评审评估。

（5）财政部根据预算评审评估结果，按照相应的预算渠道下达专项资金预算。根据财政部下达的专项资金预算，地方财政部门按照相应的预算渠道下达地方财政应负担的其余50%的资金预算，并抄报财政部。

五、专项资金预算编制的主要内容

基本研发费是指在产业技术体系建设过程中发生的，与产业技术体系建设直接相关的研究开发和试验示范等费用。基本研发费的开支范围包括如下。

（1）材料和小型仪器设备购置费：是指在研究开发和试验示范过程中消耗的各种原材料、辅助材料等低值易耗品的采购和运输、装卸、整理等费用，以及单台（件）价值5万元以下（含5万元）的小型仪器设备购置费。

（2）测试化验加工费：是指在研究开发和试验示范过程中对外支付（包括建设依托单位内部独立经济核算单位）的检验、测试、化验及加工等费用。

（3）燃料动力费：是指在研究开发和试验示范过程中相关大型仪器设备、专用科学装置等运行发生的可以单独计量的水、电、气、燃料消耗费用等。

（4）差旅费：是指在研究开发和试验示范过程中开展科学实验（试验）、科学考察、业务调研、学术交流等所发生的差旅费等。差旅费的开支标准应当按照国家有关规定执行。

（5）会议费：是指在研究开发和试验示范过程中为组织开展学术研讨、人员培训、咨询以及协调等活动而发生的会议费用。应当按照国家有关规定，严格控制会议规模、会议数量、会议开支标准和会期。

（6）出版/文献/信息传播/知识产权事务费：是指在研究开发和试验示范过程中，需要支付的出版费、资料费、专用软件购买费、文献检索费、专业通信费、专利申请及其他知识产权事务等费用。

（7）劳务费：是指在研究开发和试验示范过程中支付给没有工资性收入的相关人员（如在校研究生）和临时聘用人员等的劳务性费用。

（8）管理费：是指在研究开发和试验示范过程中对使用依托单位现有仪器设备及房屋，日常水、电、气、暖消耗，以及其他有关管理费用的补助支出。

（9）其他：是指除上述费用之外，在产业技术体系建设过程中发生的与产业技术体系建设和管理密切相关的其他支出。

六、专项资金管理的政策文件

（1）农业部 财政部关于印发《现代农业产业技术体系建设实施方案（试行）》的通知（农科教发〔2007〕12 号）。

（2）财政部 农业部关于印发《现代农业产业技术体系建设专项资金管理试行办法》的通知（财教〔2007〕410 号）。

4.5.5　非营利科研机构改革启动费

自 2017 年开始，此专项更名为“社会公益类科研机构改革专项”。

一、专项的设立和定位

部属科研机构的分类改革工作启动后，对拟按非营利性科研机构管理的，由机构编制部门核定其编制数，国家将按编制核定数，结合经费存量情况，由农业部向财政部提出申请后，以专项启动费的方式增加对非营利性科研机构的科学事业费投入，并根据方案实施情况逐年予以调整；2004 年底通过有关部门组织的联合验收后，所增经费正式列入单位年度预算。

二、专项经费的支持方向

主要用于：改善非营利性科研机构科研基础条件，人才引进和培养，重大科研项目前期准备，体制改革重点工作经费，弥补日常公用经费不足等方面。

三、专项经费的预算管理

各分管部门按部门预算规程管理以农业部为例，根据农业部下达科研经费的预算控制数，按照《农业部部门预算管理工作规程（试行）》（农办财〔2011〕149 号）、年度预算编制通知等有关规定，部属各项目承担单位编制相关项目的预算。

四、专项经费预算编制的程序

财政部、农业部参照定额管理方式测算预算，下达相关项目“一下”控制数，据此编制“二上”预算。此类项目，农业部和中国农业科学院均不组织评审，但需要在“二上”时按照有关要求填报绩效目标。

五、专项经费预算编制的主要内容

专项经费预算可以支出设备费、材料费、劳务费、专家咨询费、差旅费、会议费以及水电暖等费用，严禁支出在职人员经费。

4.6 中国农业科学院科技创新工程专项经费

一、专项经费的设立和定位

2013年1月，农业部、财政部联合下发《农业部 财政部关于同意启动实施中国农业科学院科技创新工程的批复》（农财发〔2013〕2号），中国农业科学院科技创新工程正式启动实施。按照批复的《中国农业科学院科技创新工程实施方案》确定的总体思路、主要任务、重点工作和阶段规划，逐步构建以研究所为平台、创新团队为基础、持续稳定支持为特征的科研组织模式，建立以绩效管理为抓手、以创新能力和创新成果为目标的分类考评制度，强化过程监管和目标考核，完善现代科研院所制度。

中国农业科学院科技创新工程专项经费主要用于创新工程科研团队长期稳定开展科研活动以及研究所的公共服务与支撑，跨所跨学科的重大命题、人才引进与培养、国际合作、基地平台运行服务奖补，以及其他相关工作。

二、专项经费的组织管理

中国农业科学院全面负责创新工程的组织与实施，制定实施方案和管理办法，探索建立适应农业科技创新规律和我国国情的现代院所制度，着力营造以人为本、公平竞争、充分激发科研人员创新热情的良好环境，促进出成果、出人才。

成立院创新工程领导小组，由院领导和院机关相关部门主要负责人组成，组织领导创新工程实施工作。创新工程制度办法、预算安排、人才团队、绩效评价等重大事项，经创新工程领导小组审核并征求农业部、财政部意见后，由院常务会审定。

创新工程领导小组下设办公室，主要负责创新工程日常管理工作，组织制定院创新工程绩效目标，组织制定研究所绩效目标任务书和绩效管理指标体系，组织年度绩效监测，提出绩效评价结果应用方案建议，指导和监督研究所对科研团队和首席专家的绩效评价工作。

成立创新工程战略咨询委员会，由中农办、财政部、农业部、科技部等相关部门负责人和知名科学家组成，主要负责创新工程建设与发展的决策咨询。

研究所是创新工程执行主体，要切实履行法人管理职责，落实现代院所制度建设要求，加强支撑条件建设，提高对科研人员的服务水平。按照创新工程总体设计，编制学科领域发展规划，组织开展科技创新、科研团队建设、预算执行与监管等工作，规范科研团队申请竞争性科研项目，组织开展绩效目标管理、过程监测、结果评价等工作。

科研团队是创新任务实施、创新岗位设置和资源优化配置的基本单元，按照三级学科体系布局，每个研究方向原则上组建一个科研团队。科研团队设首席专家，根据学科重点方向和创新岗位设置，负责组建科研团队，组织实施科研任务，考核团队岗位任务完成情况，提出团队岗位绩效奖励建议方案等。首席专家对研究所负责，接受研究所监督考核和团队民主评议。

院所两级学术委员会是创新工程学术咨询机构。

院学术委员会负责审议三级学科体系设置，评议跨所跨学科重大命题和重大成果，论证院级综合性基地平台建设方案和重大国际合作项目，对研究所团队组建及其引进人才提出咨询意见。下设学科集群专业委员会。

所学术委员会负责审议本所学科领域和研究方向设置，评议本所研究方向创新任务和重大成果，对所内人才引进和团队组建等提出咨询意见。

三、专项经费的预算管理

根据中国农业科学院对研究所整体绩效评价结果和研究所学科类型、创新人物、团队岗位结构及人员数量等，由中国农业科学院财务局结合部门预算安排情况测算研究所经费，报院常务会审定，作为编制创新工程经费预算“一上”的依据。

研究所根据创新工程确定的任务和院常务会审定的预算测算方案，于每年 6 月按照部门预算要求编制下一年度创新工程预算，按部门预算“一上”程序报财务局。根据绩效评价结果及预算执行情况，院中国农业科学院财务局组织审核，汇总形成部门预算“一上”建议方案，经中国农业科学院常务会审定后报农业部。

中国农业科学院财务局根据部门预算“一下”控制数，结合年度任务，依据绩效评价结果和预算执行情况，提出细化方案、报院常务会审定后，于每年 11 月底前后下达至创新工作研究所。

研究所根据“一下”控制数编报预算“二上”草案，中国农业科学院财务局审核，汇总并经院常务会审定后，按部门预算“二上”程序报农业部。

中国农业科学院财务局根据部门预算批复，下达各研究所创新工程专项经费预算。

四、专项经费预算编制的主要内容

创新工程专项经费属于国家财政专项资金，研究所要严格执行国家有关财经法规、制度的规定，按照规定开支范围合理支出，不得用于有工资性收入的人员工资、奖金、津补贴和福利支出，不得用于与科研工作无关的支持，不得用于支付各种罚款、捐款、赞助、投资等。

专项经费支出范围包括材料费、测试化验加工费、燃料动力费、差旅费、交通费、会议费、国际合作与交流费、出版/文献/信息传播/知识产权事务费、劳务费、专家咨询费、培训费租赁费、设备购置与研制费、设施设备维修维护费，以及其他相关支出。

五、专项经费管理的政策文件

（1）《中国农业科学院科技创新工程经费管理办法》（试行）（农科院财〔2014〕131 号）。

（2）《中国农业科学院科技创新工程专项经费管理实施细则》（试行）（农科院财〔2014〕238 号）。

4.7 农业部研究课题和司局细化项目

4.7.1 农业部政策研究课题经费

一、项目的设立和定位

农业政策研究是指服务于农业农村经济发展相关领域的管理和服务需求，围绕领导决策关心的重要问题，综合运用社会科学、自然科学、工程技术多学科知识进行研究，提出对策建议并形成相应研究成果的活动，包括战略研究、规划研究、法治研究、策略研究、管理研究、体制改革研究、重大项目研究、技术经济分析等。

农业部政策研究课题经费是指在农业部部门预算内各类项目支出中安排的，与项目资金使用方向和支持范围相适应的农业政策研究经费。

二、项目组织管理

农业政策研究实行课题制组织管理模式，相应研究经费以课题为基本单元安排预算，并按照部门预算项目管理程序和要求申报、审核、下达、使用和管理。

农业政策研究课题按照设置档次分为一类课题、二类课题和三类课题，根据课题档次分类管理，实行任务和经费双重审核制度，对课题数量和资金规模进行双重控制。

（1）一类课题，指按党中央国务院领导相关指示开展研究的重大课题，按部党组部署由部领导牵头研究的重大课题，以及部产业政策与法规司统一安排的农业部软科学委员会课题。农业部软科学委员会课题按照《农业部软科学委员会课题管理办法》进行管理。其他一类课题由产业政策与法规司、财务司分别对任务和经费进行审核，报分管部领导审批后执行。

（2）二类课题，指课题组织单位为制定行业中长期发展规划、拟定行业管理服务重要政策制度、解决制约行业发展关键问题而组织开展研究的重点课题。二类课题须经课题组织单位领导班子集体研究确定，并列入本单位年度工作计划。二类课题由产业政策与法规司、财务司分别对任务和经费进行审核，报分管部领导审批后执行。

（3）三类课题，指除一、二类课题外，课题组织单位内设机构根据自身职能和工作任务，针对特定具体问题组织开展相应研究工作的课题。三类课题须经课题组织单位主要负责人批准，并列入相应内设机构年度工作计划。三类课题实行总量控制，由产业政策与法规司、财务司审核、汇总，报分管部领导审批后执行。

三、项目的立项申报

各机关司局采取公开竞争等方式，择优选择农业政策研究课题承担单位。课题承担单位和课题主持人应当具备以下条件。

（1）课题承担单位应是在全国范围内具有独立法人资格的企业、事业单位、社团组织、民办科研机构及各级各类决策咨询研究机构，具备较好的研究工作基础，具有开展相关课题研究所需的专业人员。

（2）课题主持人须具有副高级以上（含副高级）专业技术职称，或获得博士学位，并有三年以上与课题研究内容相关的工作经历，具备相应的研究能力，并在课题研究的全过程中担负实质性的研究与协调组织工作。

各机关司局按预算编制时限要求，将本单位下一年度一、二、三类课题研究计划（三类课题主要是课题数量），报产业政策与法规司、财务司审核；直属单位应同时抄送归口司局。课题研究计划包括课题名称、类型、立项依据、研究内容、实施方案、承担单位、经费规模、经费来源等内容。产业政策与法规司、财务司审核、汇总后，报分管部领导审批。

四、项目资金预算编制的主要内容

农业政策研究课题经费用于课题组织实施过程中与研究活动直接相关的调查研究、资料搜集、论证咨询、资料印刷等各项支出。开支范围包括如下。

（1）印刷费：指为课题研究工作服务的文印费。

（2）差旅费：指在课题研究过程中开展国内调研活动所发生的交通费、食宿费及其他费用。差旅费的开支标准应当按照国家有关规定执行。

（3）专家咨询费：指在课题研究过程中发生的支付给临时聘请的咨询专家的费用。专家咨询费标准按照国家有关规定执行，不得支付给课题组成员及相关管理人员。

（4）劳务费：指课题研究中支付给无固定工资收入的临时聘用人员的劳务费用。劳务费标准按照国家有关规定执行，不得支付给课题组成员及相关管理人员。

（5）与课题研究直接相关的其他费用。其他费用应提前明确，且支出内容和标准应符合有关规定，不得用于课题承担单位人员工资福利、办公经费、三公经费，以及其他与课题研究无关的支出。

五、项目资金管理的政策文件

（1）《农业部政策研究课题经费管理暂行办法》（农财发〔2016〕49号）。

（2）《农业政策研究经费预算综合定额标准》（农办财〔2016〕84号）。

4.7.2 农业部部门预算司局细化项目

一、项目的设立和定位

农业部部门预算项目，是指编入农业部部门预算，为完成特定的行政工作任务或事业发展目标安排的项目支出。

二、项目的组织管理

农业部机关各司局、派出机构、直属各单位（以下简称各单位）是农业部部门预算项目的实施主体，对项目资金的管理和使用承担主体责任，负责归口管理项目的组织实施和监督检查。

农业部财务司是农业部部门预算项目的监督主体，对项目资金的管理和使用承担监督责任，负责项目资金的预算管理和监督检查。

三、项目资金的预算管理

部门预算项目实行分级管理，分为一级项目和二级项目两个层次。

一级项目明细到支出功能分类的款级科目，按照农业部主要职责设立并由农业部作为项目实施主体，每个一级项目包含若干二级项目。二级项目明细到支出功能分类的项级科目，项目实施主体为部本级及所属预算单位。

按照项目的重要性，二级项目划分为重大改革发展项目、专项业务费项目和其他项目三类。

重大改革发展项目，指党中央、国务院文件明确规定中央财政给予支持的改革发展项目，以及其他必须由中央财政保障的重大支出项目。

专项业务费项目，指农业部为履行职能，开展专项业务而持续、长期发生的支出项目。包括大型设施、大型设备运行费，执法办案费，经常性监管、监测、审查经费，以及国际组织会费、捐款支出等。

其他项目，指除上述两类项目之外，农业部为完成特定任务需安排的支出项目。

四、项目库建设

农业部项目库由部本级和部属预算单位上报的项目构成，部属预算单位项目库由本单位立项和实施的项目构成。有下属预算单位的部属预算单位，其项目库由该单位本级和所属预算单位上报的项目构成。

财务司组织对各单位提出的项目预算建议进行审核，审核通过的项目纳入农业部部门预算项目库。其中需进行评审的，财务司组织有关专家或委托第三方机构进行评审，积极稳妥逐步扩大项目评审覆盖面。

对审核通过的入库项目，财务司应按照轻重缓急，进行合理排序。

列入农业部年度部门预算和三年支出规划的项目原则上须从项目库中提取，未纳入项目库的项目原则上不得向财政部申报预算和三年支出规划。

五、项目资金预算编制的程序

项目预算和三年支出规划由基层预算单位编制，逐级审核汇总后，由财务司按照“一级项目+二级项目”的方式向财政部申报预算，根据二级项目的增减变化情况提出一级项目预算需求。财政部对报送的项目支出预算进行审核，并按一级项目下达预算控制数。

财务司根据财政部下达的一级项目预算控制数，下达各单位二级项目预算控制数。

各单位根据财务司下达的二级项目预算控制数，编制项目预算和三年支出规划，逐级审核汇总后报送财务司。

财务司根据项目库排序和农业部年度重点工作进行审核汇总，形成农业部部门预算方案和三年支出规划草案，报送财政部审核批复。

财务司收到财政部批复的年度部门预算后，应及时批复各单位。

六、项目资金预算编制的主要内容

部门预算项目资金的开支范围主要包括项目实施过程中发生的邮电费、印刷费、专用材料费、维修（护）费、租赁费、差旅费、劳务费、咨询费、培训费、委托业务费及其他与项目直接相关的支出。

部门预算项目资金不得用于编制内人员的基本支出、基本建设支出及其他与项目无关的支出。

各司局承担的部门预算项目资金还不得用于因公出国（境）费用、公务接待费、公务用车购置及运行费、会议费和其他交通费用。

各单位通过政府购买服务方式支付给承担单位的部门预算项目资金，其开支范围按照政府购买服务有关规定执行。

有关法规、规章、制度对部门预算项目资金开支范围另有规定的，从其规定。

七、项目资金管理的政策文件

（1）《农业部部门预算项目资金管理办法》（农财发〔2016〕77 号）。

（2）《中央本级项目支出预算管理办法》（财预〔2007〕38 号）。

4.8　运行维护类专项经费

4.8.1　农业部重大专用设施运行费

一、专项的设立和定位

农业部重大专用设施运行费是指为保障农业部重大设施正常运行的基本需求，在农业部部门预算中专门设立的财政项目。

二、专项支持的对象

重大专用设施主要指为满足本单位依据基本职能开展特定业务活动之需，专门建设、购置形成或以划拨、划转、置换、长期租赁等其他方式取得，并由本单位直接管理使用的重要基础设施及其附属仪器设备等。

三、专项经费的组织管理

农业部财务司统一负责运行费预算管理，组织开展项目申报、评审、监督、评价等工作。部属预算单位具体负责本单位运行费预算编报和执行，以及项目的申报、实施、日常管理等工作。

四、专项经费的申请条件

（一）申请运行费项目应当具备下列条件

（1）相应设施已经或将于预算年度正式投入使用，并能够按照设计的专用功能正常运行。

（2）相应设施承担的工作任务具有长期性、稳定性、系统性、可持续性特征，且与项目单位应当履行的公益性职能相匹配。

（3）相应设施不能够或按规定不允许通过经营服务性收费或其他经营性活动获取收益，或所获零星收益不足以弥补其基本运行成本。

（4）相应设施的基本功能不能或不宜通过项目单位向社会购买服务实现，且其承担的工作任务尚未纳入政府购买服务的实施范畴。

（5）相应设施具有明确的固定资产构成内容，具有相对独立完整的运行场所环境，能够与项目单位办公场所和其他设施清晰区分边界。

（6）项目单位具有支撑相应设施正常运行所需的专职管理人员和技术人员队伍，制定了相应设施运行管理制度规范和其他相关内部管理制度。

（二）申请新设立运行费项目要提交以下材料

（1）正式申报文件，包括项目单位基本情况，相应设施基本情况，项目主要内容、拟申请资金额等。

（2）可行性研究报告，包括拟申请项目的背景和必要性、可行性论述，符合第六条规定各项条件的情况说明，相应设施的功能定位、承担任务、内容构成、运行管理机制、人员配备情况等，项目资金支出内容、经费测算明细及相关测算依据，项目的绩效目标及细化、量化、可考核的相应绩效指标，项目实施及预算执行计划等。

（3）相应设施配置现状明细清单，包括各种建筑物和构筑物的坐落位置、用地面积、建筑面积、使用面积、功能用途等，单价5万元以上（含5万元）附属仪器设备的取得时间、账面价值、技术规格、产权归属、存放地点、运行状态等。

（4）相应设施为基本建设投资安排项目形成的，应提供相应基建项目初步设计概算批复文件、投资计划下达文件、资金预算下达文件、竣工验收报告、竣工财务决算等复印件。

（5）相应设施为其他财政专项经费安排项目形成的，应提供相关项目申报文件、预算项目文本、资金预算下达文件、相关固定资产账表卡等复印件。

（6）相应设施为通过划拨、划转、置换、长期租赁等其他方式取得的，应提供证明其取得行为的批复文件、合同协议、交接清册等相关文件资料复印件。

（7）相应设施的运行管理制度规范和其他相关内部管理制度文本，以及其他需要提交的文件、资料、文档等。

（三）申请纳入运行费支持的延续项目，须提交下列材料

（1）正式申报文件，包括相应设施是否仍符合第六条规定各项条件的情况说明，下年度拟延续申请的资金额及经费测算明细和相关测算依据，项目的绩效目标及细化、量化、可考核的相应绩效指标等。

（2）相应项目上年度实施情况、支出情况、绩效目标实现情况的总结报告。

（3）其他需要提交的文件、资料、文档等。

因相应设施基本功能、承担任务或资产构成发生较大变动，项目内容发生较大调整或其他特殊原因，拟申请资金规模增幅超过上年预算安排额30%的延续项目，按照新设项目重新申报。

五、专项经费的预算管理

财务司依据部门预算项目支出管理的相关规定和程序，在布置编制下年度部门预算和中期财政规划“一上”建议之前，统一组织部属预算单位申报拟纳入运行费支持的项目。

财务司组织对申请纳入运行费支持的新设项目，以及应按照新设项目重新申报的延续项目进行评审，作为支持立项和安排预算的依据。其他延续项目可根据需要纳入评审范围。

财务司组建运行费项目专家库，择优遴选具备相关从业经验和专业能力的业务、财务、管理等方面专家入库，推进运行费项目评审等工作的科学化、制度化和规范化。

财务司委托适当的第三方机构，在遵循回避原则的前提下从专家库中随机抽取人选组成项目评审专家组，按照相关规范组织对部属预算单位申报的运行费项目进行评审。

受委托的第三方机构梳理和汇总专家组评审意见，并提出纳入运行费支持的项目清单、资金规模、推荐排序等建议，报财务司审定。财务司将审定项目纳入运行费项目库，并向相应项目单位反馈意见。

项目单位根据反馈意见，将相应项目纳入本单位下年度部门预算或中期财政规划“一上”建议编报。财务司根据财力情况和优先顺序，列入适当年度的运行费“一下”控制数下达。

项目单位依据财务司下达的运行费“一下”预算控制数，编报相应年度“二上”预算的项目文本和预算说明。财务司将运行费预算纳入相应项目单位“二下”预算批复，即为项目正式立项。

已按程序列入运行费项目库，但尚未列入下年度部门预算安排的项目，项目单位因需求变化确需对项目内容进行重大调整的，可在财务司组织新一轮项目申报时，在不超过原有项目审定资金规模的前提下，按照新设项目重新申报。财务司相应重新组织评审后替换已入库项目。

已入库项目在库保留3年，3年内未能列入预算安排的，期满后自动退出项目库。仍需实施的，项目单位按新设项目重新申报，财务司相应重新组织评审。财务司可视情况适时对项目库进行清理。

各有关部门根据其管理需要从不同角度出发，就部属预算单位相关设施给予各种挂牌命名的，凡不符合本办法规定的支持范围和条件，其挂牌命名不作为运行费项目的申报理由和立项依据，且同一设施不得以不同的挂牌命名重复申报和立项。

通过基本建设投资或其他财政专项经费安排项目形成的设施，或通过划拨、划转、置换、长期租赁等其他方式取得的设施，部属预算单位在申请相关建设、购置项目时，或就相关取得行为进行协商时，自行做出保障运行经费承诺的，其承诺不作为运费项目的申报理由和立项依据。

六、专项经费预算编制的主要内容

运行费主要用于维持设施系统处于良好工作状态，保证正常运行。可用于以下内容。

（1）保持相应设施处于完好状态所必需的建筑物和构筑物日常维修维护，附属仪器设备的检定校准、检修保养、配件更换、耗材购置等支出。

（2）维持相应设施最低限度运行所必需，且能够单独计量的水电油气、制冷取暖、物业管理、安保监控、专用通讯、专职聘用人员劳务费等支出。

（3）保障相应设施发挥基本功能所必需且直接相关的办公耗材和专用材料、工具、器具购置，有毒有害废弃物处理，文献资料检索与购置，操作人员技术培训等支出。

（4）项目单位直接管理使用但不具有土地使用权和房屋所有权的设施，确需长期租赁相应土地房屋而发生的租金支出。

运行费用于既有基础设施及其附属仪器设备的运行维护。为保障相应设施发挥基本功能必需的，单价不超过 5 万元的小型仪器设备购置、升级、改造事项，无法及时纳入或不适于纳入其他项目资金渠道申报安排的，可通过相应运行费项目在不超过项目年度预算 15%的额度内解决。

运行费不得用于以下支出内容。

（1）因公出国（境）费、公务用车购置及运行维护费、公务接待费等“三公”经费支出和会议费支出。

（2）项目单位编制内职工的基本支出，一般性工作任务培训支出，经营性活动的成本费用支出。

（3）房屋建筑物的新建、改建、扩建支出，除第二十二条规定情形以外的仪器设备购置、升级、改造支出。

（4）承担部机关司局安排的项目或其他主体委托的业务，并与相应业务工作量线性相关的各类支出。

（5）与相应设施运行无关的其他支出。

七、专项经费的管理文件

（1）农业部办公厅关于印发《农业部重大专用设施运行费管理办法》的通知（农办财〔2016〕33 号）。

（2）《中央本级项目支出预算管理办法》（财预〔2007〕38 号）。

4.8.2　农业部重大信息平台构建及运维专项经费

一、专项的设立和定位

农业部重大信息平台构建及运维专项经费指为加快推进农业部信息化发展，优化信息平台构建布局，提高运行维护管理水平，在农业部部门预算中专门设立的财政项目。除按本办法规定申报、评审、安排的专项经费预算外，在部门预算其他财政项目（不含科学技术类项目、转移支付上划项目、基本建设项目）中，原则上不再编列用于各类信息平台构建运维的经费预算。

二、专项的支持对象和方向

农业部重大信息平台是指部系统各单位（含部机关各司局、派出机构及各直属事业单位，下同）紧密围绕农业部中心工作和主体职能，组织开发建设和管理使用的基于现代信息技术运行的数据资源载体和业务处理工具，包括电子政务内网、电子政务外网、特殊领域专用网络等网络基础平台，以及运行于其上的农业各行业各领域重要业务应用系统等。

专项经费的主要支持范围包括以下内容。

（1）具有基础性、共享性、开放性特点的数据中心、专用机房、信息网络、支撑平台、安全保障、系统软件等各类信息化基础设施构建与运维。

（2）利用信息化手段满足部系统各单位履职需要的相应行业或领域重点业务应用系统构建与运维。每个行业或领域原则上只支持一个综合性业务应用系统。

（3）为充分发挥农业部重大信息平台的基本功能，确有必要向下延伸、且与农业部事权和支出责任相匹配的区域或省级数据中心或应用节点等构建。

（4）符合农业部统一规划和管理要求、并与相应行业或领域业务应用系统有效对接的门户网站集群及移动门户集群。

三、专项经费的组织管理

专项经费由农业部财务司牵头，会同办公厅、市场与经济信息司、发展计划司组建专项经费管理联合工作组（以下简称“联合工作组”），明确工作机制，按本办法相关规定共同组织专项经费的项目申报、评审、实施、验收、监督、评价等工作，并根据各自职能履行相关具体管理职责。

联合工作组依据部门预算项目支出管理的相关规定和程序，在布置编制下年度部门预算和中期财政规划“一上”建议之前，统一组织部系统各单位申报拟纳入专项经费支持的项目。专项经费实行项目制管理，分为构建项目和运维项目两大类。

纳入专项经费支持的构建项目与纳入基本建设投资支持的建设项目应合理分工并加强对接。纳入专项经费支持的构建项目，根据实施内容可分为以下三个小类。

（1）整合性构建项目，主要支持对各行业各领域分散的现有各类信息化基础平台、运行环境、数据资源、业务应用系统等进行统筹整合，以促进实现资源共享。

（2）提升性构建项目，主要支持已经建成的重大信息平台的局部改造、模块扩充、延续开发、软硬件集中升级更新等功能提升内容，以及必要的向下延伸构建。

（3）开发性构建项目，主要支持业务功能单一、实施周期较短、资金需求较小，且能够与相关重大信息平台有效对接的小型业务处理系统或专业应用软件的设计开发。

构建项目的单项资金规模一般不超过 500 万元，实施周期一般为一个预算年度。设计内容复杂、实施周期较长、资金需求较大的项目，确有必要分期构建的，经联合工作组专题审议通过后，按程序实行一次性申报、评审、立项并按预算年度连续分期安排，实施周期不超过 3 期，单期资金规模一般不超过 500 万元。

纳入专项经费支持的运维项目，根据管理需要可分为新设运维项目和延续运维项目两个小类。

（1）新设运维项目主要支持基本建设投资安排的重大信息平台建设项目完成，或专项经费安排的构建项目完成，正式投入使用且超出质量保证期后的首个预算年度所需的基本运行维护经费；

（2）延续运维项目主要支持重大信息平台新设运维项目在以后年度延续实施所需的基本运行维护经费。延续运维项目的资金规模增幅，一般控制在上年预算安排额度的 10%以内；

（3）因项目内容确有较大调整或其他特殊原因，拟申请资金规模增幅超过上年预算安排额度 30%的延续运维项目，应按照新设运维项目重新申报。

联合工作组可根据国家相关管理部门的统一要求，或加快推进农业部信息化发展的实际需要，临时性设立纳入专项经费支持的其他类型项目。

四、专项经费的申请条件及材料要求

（一）申请纳入专项经费支持的构建项目和运维项目，应同时符合如下条件

（1）项目单位具备或依托相关单位具备支撑相应重大信息平台安全稳定运行所需的相对独立完整的设施环境、专职管理人员和技术人员，以及相关内部控制制度。

（2）相应重大信息平台符合农业部信息化发展相关规划，基本功能与项目单位应当履行的公益性职能相匹配，且所承担的工作任务具有长期性、稳定性、系统性和可持续性。

（3）相应重大信息平台能够按照资源共建共享、系统互联互通、业务协作协同的基本原则，充分利用国家农业数据中心已有的处理、储存、安全、备份、网络、数据库等软硬件设施设备。

（4）相应重大信息平台能够支持数据资源由农业部集中存储，服从和服务于农业部大数据发展与应用，并能够满足农业数据标准化要求。

（5）相应重大信息平台能够按照同步规划、同步建设、同步运维的要求，建立完善的网络安全技术防护体系和管理制度，严格落实信息安全等级保护制度。

（二）申报纳入专项经费支持的构建项目，须提交下列材料

（1）正式申报文件，包括项目单位信息化建设的基本情况、项目主要内容、项目实施周期、拟申请资金额以及研究、论证、决策过程等。

（2）可行性研究报告，包括拟申请构建项目的背景和必要性、可行性论述，符合该专项经费管理办法第十二条规定各项条件的情况说明，相应信息平台的构建思路、功能定位、设计框架、模块构成、运维依托主体、运行管理机制等，项目资金支出内容、经费测算明细及相关测算依据，项目的绩效目标及细化、量化、可考核的绩效指标，项目实施及预算执行计划。

（3）通过相应信息平台收集、储存、加工产生的数据资源清单，并逐项注明可开放共享的具体范围。

（4）项目单位领导班子集体研究的会议纪要。

（5）信息安全等级保护预定级报告。

（6）属于电子政务信息系统的，应提供部办公厅出具的技术审核意见。

（7）其他需要提交的文件、资料、文档等。

（三）申报纳入专项经费支持的新设运维项目，须提交下列材料

（1）正式申报文件，包括项目单位信息化建设基本情况、项目主要内容、拟申请资金额等。

（2）可行性研究报告，包括拟申请运维项目的背景和必要性、可行性论述，符合第十二条规定各项条件的情况说明，相应信息平台的功能定位、设计框架、模块构成、运维依托主体、运行管理机制等，项目资金支出内容、经费测算明细及相关测算依据，项目的绩效目标及细化、量化、可考核的相应绩效指标，项目实施及预算执行计划。

（3）相应信息平台的设施设备配置现状清单，包括各种软硬件的购置时间、账面价值、技术规格、产权归属、存放地点、运行状态等。

（4）通过相应信息平台收集、储存、加工产生的数据资源清单，并逐项注明可开放共享的具体范围。

（5）相应信息平台为基本建设投资安排的初始建设项目形成的，应提供初步设计

概算批复文件、投资计划下达文件、资金预算下达文件、竣工验收报告、竣工财务决算等。

（6）相应信息平台为专项经费安排的构建项目形成的，应提供相关项目申报文件、预算“二上”申报文本、资金预算下达文件、竣工验收报告和竣工财务决算等。

（7）信息安全等级保护定级报告、备案证书、测评报告，以及其他需要提交的文件、资料、文档等。

（四）申报纳入专项经费支持的延续运维项目，须提交下列材料

（1）正式申报文件，包括相应信息平台是否仍符合该专项经费管理办法第十二条规定各项条件的情况说明，下年度拟延续申请的资金额及经费测算明细和相关测算依据，项目的绩效目标及细化、量化、可考核的相应绩效指标等。

（2）相应运维项目上年度实施情况、支出情况、绩效目标实现情况的总结报告。

（3）信息安全等级保护定级报告、备案证书、测评报告，以及其他需要提交的文件、资料、文档等。

五、专项经费的立项程序

构建项目在正式申报前，属于电子政务信息系统的，应按有关规定报部办公厅进行技术审核。项目单位应根据技术审核意见修改完善相关材料后，方可正式申报项目并进入项目评审程序。

联合工作组组建专项经费项目专家库，择优遴选具备相关从业经验和专业能力的技术、业务、财务、管理等方面专家入库，推进专项经费项目评审等工作的科学化、制度化和规范化。

联合工作组委托适当的第三方机构，在遵循回避原则的前提下从专家库中随机抽取人选组成项目评审专家组，按照相关规范组织对部系统各单位申报的专项经费项目进行评审。

受委托的第三方机构梳理和汇总专家组评审意见，并提出纳入专项经费支持的项目清单、资金规模、推荐排序等建议，提交联合工作组审议后，报财务司司务会审定。财务司将审定项目纳入专项经费项目库，并向相应项目单位反馈意见。

六、专项经费的预算管理

项目单位根据财务司的反馈意见，将相应项目纳入本单位下年度部门预算或中期财政规划“一上”建议编报。财务司根据财力情况和优先顺序，列入适当年度的专项经费“一下”控制数下达。

项目单位依据财务司下达的专项经费“一下”预算控制数，编报相应年度“二上”预算的项目文本和预算说明。其中，构建项目应于“一下”控制数下达后，及时组织编制与“二上”预算相符的细化实施方案，报联合工作组各成员单位备案。财务司将专项经费预算纳入相应项目单位“二下”预算批复，即为项目正式立项。

已入库项目在库保留 3 年，3 年内未能列入预算安排的，期满后自动退出项目库。仍需实施的，项目单位按新设项目重新申报，联合工作组相应重新组织评审。联合工作组可视情况适时对项目库进行清理。

部财务司会同联合工作组其他成员单位，研究制定农业部信息平台（系统）运行维护费预算定额标准，作为相应运维项目申报、评审、安排的测算依据。构建项目不适用定额标准管理。

七、专项经费预算编制的主要内容

（一）构建项目的经费开支范围包括

（1）相应项目实施过程中发生的硬件购置费、软件开发费、安装调试费、水电动力费、专用机房改造费、原材料和辅助材料费等货物、服务、工程采购支出。

（2）相应项目可行性研究等前期工作和设计、监理、审计、验收、安全测评等后续工作所需的委托业务费、专家咨询费等支出。

（3）与相应重大信息平台构建内容直接相关的其他必要支出。

（二）运维项目的经费开支范围包括

（1）保持相应重大信息平台处于完好状态所必需的软硬件日常维护、检修保养、常规升级、配件更换、专用耗材购置、专用机房维修等支出。

（2）维持相应重大信息平台最低限度运行所必需，且能够单独计量的水电气暖消耗、网络通道租赁、专用数据传输、硬件设备托管、专职聘用人员劳务费等支出。

（3）保障相应信息平台发挥基本功能所必需的数据整理加工维护、操作人员技术培训、信息系统安全测评、知识产权事务、项目绩效评价等支出。

（4）与相应重大信息平台运维内容直接相关的其他必要支出。

（三）重大信息平台硬件设备的整机更换事项，原则上应通过构建项目解决开支

遇以下情形，无法及时纳入或不适于纳入构建项目申报安排的，可通过相应运维项目在不超过项目年度预算15%的额度内解决开支。

（1）因临时性重大故障、因不可抗力受损、因安全隐患亟需整改、因超过使用期限无法继续使用，且维修成本高于整机购置成本的。

（2）因技术进步导致机型淘汰，无维修备件可供更换，已经影响重大信息平台安全稳定运行的。

（3）整机运行8年以上，性能已不能满足实际需求和运行负荷，即将影响重大信息平台安全稳定运行的。

构建项目在验收通过前，试运行期间所需经费的开支范围参照运维项目经费开支范围执行，但不得用于相应构建项目所购置硬件设备的整机更换。

（四）专项经费不得用于以下开支内容

（1）通用办公设备、办公软件、办公耗材、办公用品等购置支出。

（2）除专用机房之外的其他办公用房、业务用房、辅助用房等设施场所的维修、装修、改造支出。

（3）基础信息数据的采集、监测、统计、调查、分析、研究、会商等工作经费支出。

（4）对地方部门、社会团体、行业协会、科研教学推广机构、农业生产经营主体自身信息化建设的补助性支出。

（5）因公出国（境）费、公务用车购置及运行维护费、公务接待费等“三公”经

费支出和会议费支出。

（6）项目单位编制内职工的基本支出，一般性工作任务培训支出，经营性活动的成本费用支出。

（7）与相应信息平台构建运维无关的其他支出。

八、专项经费的管理文件

（1）《农业部重大信息平台构建及运维专项经费管理办法》（农办财〔2016〕29号）。

（2）《中央本级项目支出预算管理办法》（财预〔2007〕38号）。

4.9　修缮购置类专项经费

4.9.1　中央级科学事业单位修缮购置专项经费

一、专项的设立和定位

为贯彻落实《国家中长期科学和技术发展规划纲要(2006—2020年)》（以下简称《规划纲要》。切实改善中央级科学事业单位的科研基础条件，推进科技创新能力建设，2006年，中央财政设立了“中央级科学事业单位修缮购置专项资金”（简称“修购专项”或“修购专款”）。

中央财政在预算内安排用于农业部科学事业单位房屋修缮、基础设施改造、仪器设备购置及升级改造的专项资金。农业部科学事业单位指中国农业科学院、中国水产科学研究院和中国热带农业科学院（简称三院）及其所属科研机构（不包括已转制机构）。

二、专项经费的组织管理

（一）财务司职责

（1）制修订农业部修购专款管理实施细则。

（2）审核报送修购工作规划。

（3）会同科技教育司组织开展项目申报文本等评审工作，并向财政部报送评审结果。

（4）批转年度修购专款预算。

（5）监管修购专款预算执行行为。

（6）组织开展修购专款绩效考评工作。

（7）审核报送修购项目验收总结。

（8）承担修购专款管理的其他工作。

（二）科技教育司职责

（1）督导三院编报修购工作规划并汇总送财务司。

（2）审批三院修购项目实施方案。

（3）配合财务司监督检查修购专款预算执行。

（4）指导和监督三院组织实施修购项目。

（5）组织修购项目验收，并将验收总结报告送财务司。

（6）承担在修购项目申报与实施过程中其他与科技教育司工作职责相关的工作。

（三）三院职责

（1）组织所属项目单位编报修购工作规划和项目申报文本。

（2）批转年度修购专款预算。

（3）汇总报送项目实施方案。

（4）组织实施修购项目。

（5）配合财务司组织开展修购专款绩效考评工作。

（6）配合科技教育司组织开展修购项目验收。

（7）监督检查本院修购专款预算执行情况。

（8）承担其他相关工作。

（四）项目单位职责

（1）项目单位法定代表人对修购项目负有第一责任。

（2）编报修购工作规划和项目申报文本。

（3）编报项目实施方案。

（4）具体组织实施修购项目。

（5）编报修购项目执行报告，提交验收申请。

（6）具体管理本单位修购专款。

（7）承担其他相关工作。

三、专项经费的申请

项目单位在申报各年度修购项目前，必须提前做好项目可行性研究及必要的勘察、设计、论证、询价等前期工作，房屋修缮类和基础设施改造类项目，还应与当地规划、建设等相关部门沟通一致。

项目单位应按财政部和农业部统一部署，依据修购工作规划编制各年度《中央级科学事业单位修缮购置项目申报书》，经本单位领导班子集体研究决定后，以正式文件报送本院相关管理部门。项目申报文件中应如实说明前期工作开展情况，并提供相关证明材料。

项目单位应按财政部和农业部统一部署，依据修购工作规划编制各年度《中央级科学事业单位修缮购置项目申报书》，经本单位领导班子集体研究决定后，以正式文件报送本院相关管理部门。项目申报文件中应如实说明前期工作开展情况，并提供相关证明材料。

三院对项目单位报送材料的完整性、合规性进行审核后，以正式文件报送财务司。财务司会同科技教育司组织对申报的修购项目进行评审、排序，并据此编制农业部年度《中央级科学事业单位修缮购置项目审核推荐表》，与项目申报文件一并报送财政部。

实行项目预算执行进度与下年度项目预算安排挂钩。项目单位的项目预算执行进度情况，作为财务司和科技教育司对申报项目进行评审、排序的重要指标之一。

四、专项经费预算编制的主要内容

修购专款实行项目管理，资金支持范围包括如下。

（1）房屋修缮，指连续使用 15 年以上且已不能适应科研工作需要的房屋及科研辅助设施的维修改造。

（2）基础设施改造，指水、暖、电、气等基础设施的维修改造。

（3）仪器设备购置，指直接为科学研究工作服务的科学仪器设备购置。科学仪器设备购置须符合事业单位国有资产配置管理相关规定。

（4）仪器设备升级改造，指利用成熟技术对尚有较好利用价值、直接服务于科学研究的仪器设备进行功能扩展、技术升级等工作。

五、专项经费预算编制的注意事项

项目承担单位可以列支在项目执行中发生的材料费、设备购置费、劳务费、水电动力费、设计费、运输费、安装调试费及其他在项目执行中发生的必要费用。不得用于购买小汽车，不得用于与采购进口仪器设备无关的出国费用支出。

购置价值超过 200 万元以上的单台或成套仪器设备，按照《中央级新购大型科学仪器联合评议工作管理办法》（财教〔2004〕33 号）有关规定执行。

六、专项经费管理的政策文件

（1）农业部办公厅关于印发《农业部科学事业单位修缮购置专项资金管理实施细则》的通知（农办财〔2009〕48 号）。

（2）《中央级科学事业单位修缮购置专项资金管理办法》（财教〔2006〕118 号）。

4.9.2　部属预算单位修缮购置项目经费

一、专项经费的设立和定位

修缮购置项目经费是部门预算安排，用于部属预算单位（含派出机构，不含科学事业单位以及黑龙江、广东两垦区）的房屋修缮、基础设施改造、现有装备更新和一次性装备购置的财政专项经费。

二、专项经费的组织管理

财务司统一负责修购经费预算管理，组织项目申报、评审、验收、监督、评价等工作。部属预算单位具体负责本单位修购经费预算编报和执行，以及项目的申报和实施等工作。

三、专项经费的主要内容

修购经费实行项目制管理。纳入修购经费支持范围的项目，根据实施内容分为房屋修缮、基础设施改造、现有装备更新、一次性装备购置等四大类项目。

（一）房屋修缮项目主要支持如下内容

（1）对连续使用 15 年以上且已不能适应工作需要，或因非人为因素导致严重损坏而无法继续安全使用的办公用房、业务用房、辅助用房进行修缮。

（2）为提升生物污染、化学污染、辐射污染、噪音污染等防控性能而对相关业务用房进行改造。

（3）为提升房屋使用安全保障性能而进行的抗震、防风、消防、通风、避雷等改造。

（4）对原有房屋的使用功能进行重大调整，确需进行的结构性调整和配套设施改造。

（二）基础设施改造项目主要支持如下内容

（1）对漏损严重、影响安全的给水、排水、供电、供热、燃气、通信等管网线路设施进行维修改造。

（2）对老旧破损的道路、桥梁、码头、航道、场地、围墙、护栏、护坡、安全监控、垃圾处理等其他基础设施进行维修改造。

（3）对农业实验基地的排灌设施、田间道路、防护林网、温室大棚、畜禽棚舍、养殖池塘、科学观测设施等进行维修、改造和完善，以及必要的土地平整和土壤改良等。

（三）现有装备更新项目主要支持如下内容

（1）对已无法继续满足使用需求，且已连续使用15年以上的办公家具、连续使用6年以上的办公设备进行批量更新购置。

（2）对因临时性重大故障、因不可抗力受损、因安全隐患亟需整改、因超过使用期限无法继续使用，且维修成本高于新购成本的专用仪器设备进行更新购置。

（3）对因技术进步导致机型淘汰，无维修备件可供更换，已经影响其基本使用功能和相关业务活动开展的专用仪器设备进行更新购置。

（4）对整机运行8年以上，性能已不能满足实际需要和运行负荷，即将影响其基本使用功能和相关业务活动开展的专用仪器设备进行更新购置或升级改造。

（5）利用成熟技术对尚有较好利用价值的专用仪器设备进行功能扩展、技术升级等。

（四）一次性装备购置项目

主要支持通过基本建设投资等渠道安排新建、改建、扩建的办公用房、业务用房、辅助用房交付使用后，在项目投资之外和调剂现有装备基础上，一次性购置办公家具、办公设备或满足基本运转需要所必备的专用仪器设备等。

四、专项经费的预算管理

财务司组建修购经费项目专家库。财务司委托适当的第三方机构，在遵循回避原则的前提下从专家库中随机抽取人选组成项目评审专家组，按照相关规范组织对部属预算单位申报的修购经费项目进行评审。

受委托的第三方机构梳理和汇总专家组评审意见，并提出纳入修购经费支持的项目清单、资金规模、推荐排序等建议，报财务司审定。财务司将审定项目纳入修购经费项目库，并向相应项目单位反馈意见。项目单位根据反馈意见，将相应项目纳入本单位下年度部门预算或中期财政规划“一上”建议编报。财务司根据财力情况和优先顺序，列入适当年度的修购经费“一下”控制数下达。

项目单位依据财务司下达的修购经费“一下”预算控制数，编报相应年度“二上”

预算的项目文本和预算说明，并及时组织编制与“二上”预算相符的细化实施方案报财务司备案。财务司将修购经费预算纳入相应项目单位“二下”预算批复，即为项目正式立项。

已按程序纳入项目库，但尚未列入下年度部门预算安排的项目，项目单位因需求变化确需对项目内容进行重大调整的，可在财务司组织新一轮项目申报时在不超过原项目审定资金规模的前提下，按照新设项目重新申报。财务司相应重新组织评审后替换已入库项目。组织评审后替换已入库项目。

已入库项目在库保留 3 年，3 年内未能列入预算安排的，期满后自动退出项目库。仍需实施的，项目单位按新设项目重新申报，财务司相应重新组织评审。财务司可视情况适时对项目库进行清理。

五、专项经费预算编制的主要内容

(1) 设备购置费，包括办公家具、办公设备、专用仪器设备及其备品配件购置支出，以及水、暖、电、通空调等工程中的相关设备购置支出。

(2) 材料费，包括原材料、辅助材料、构配件、零件、半成品等材料的采购、运输、装卸、仓储、保管、检验试验等支出，以及周转性使用材料的摊销费用或租赁费用等。

(3) 劳务费，包括各种单项工程中应支付给施工企业的人工费，以及项目单位向其临时聘请的项目辅助人员发放的劳务费等支出。

(4) 水电动力费，包括与项目实施直接相关的各种施工作业中所需耗用的水、电、气热力燃料等支出，以及施工机械使用费等。

(5) 设计费，包括项目实施所需的勘探、勘察、鉴定、测量以及编制细化实施方案(含初步设计)、施工图设计等支出。

(6) 运输费，包括不能计入货物价款的各种设备材料的运输费，施工机械使用费中能够单独计量的运输费，特殊情况独立发生的运输费用等。

(7) 安装调式费，包括不能计入货物价款的仪器设备调试费，以及水、暖、电、通、空调等单项工程中必须发生的安装和系统调试费用。

(8) 其他费用，包括招标费、监理费、审计费等，以及与项目实施内容直接相关的其他很必要支出。

修购经费不得用于以下开支内容。

(1) 因公出国（境）费、公务用车购置及运行维护费、公务接待费等“三公”经费支出和会议费、培训费支出。

(2) 项目单位编制内职工的基本支出，与项目实施不直接相关的编制外聘用人员支出。

(3) 新建房屋及其配套设施的支出，以及将原有房屋完全拆除后重建的翻修支出。

(4) 与相应项目实施无关的其他支出。

六、专项经费管理的政策文件

(1)《农业部所属预算单位修缮购置项目经费管理办法》(农办财〔2016〕32 号)。

（2）《中央本级项目支出预算管理办法》（财预〔2007〕38号）。

4.10 国际合作项目

一、项目的设立和定位

国际合作项目旨在支持项目承担单位与国（境）外的高校院所、企业或个人深入地开展国际科技合作与交流，有效利用全球科技资源，提高科技创新能力。主要有国家外专局的引智专项、因公出国（京）培训项目等。本书重点以引进国外智力软科学为例，说明国际合作项目的预算编制与管理。

引进国外智力软科学项目以国家引进国外智力工作中的重大理论和实践为重点，支持有利于推进引进国外智力体系建设的重大基础理论问题研究，支持新兴学科、交叉学科和跨学科综合研究，推动引进国外智力理论的进一步发展和完善。

二、项目的管理文件

《国家外国专家局引进国外智力软科学研究项目管理办法》（外专发〔2014〕45号）。

三、项目的组织管理

国家外国专家局政策法规司（以下简称政策法规司）负责管理引进国外智力软科学研究项目。国家外国专家局根据引进国外智力工作长远规划与实践需要，选定研究项目，编制《引进国外智力软科学研究项目指南》，一般于每年第一季度在国家外国专家局网站或相关媒体上向社会公开发布。

引进国外智力软科学研究项目限时申请，申请人自项目指南发布之日起1个月内提出申请。申请人应当在项目指南范围内选择或者设计具体研究项目，并提交《引进国外智力软科学研究项目申请书》一式二份及光盘。

政策法规司组织有关专家对报送的项目申请进行审查和评价，提出立项建议，经国家外国专家局批准立项后，向申请人发出《国家外国专家局引进国外智力软科学项目立项通知书》及经政策法规司盖章的《申请书》。

四、项目的预算管理

软科学研究项目的研究期限一般为一年。项目起始时间从立项通知发出之日起计算，至第二年此日的前一日为一个项目管理年度。

每年在部门预算内安排软科学研究项目资助经费预算，列入研究计划的项目给予不同比例的资助。项目正式立项后，政策法规司向项目承担单位拨付项目资助经费。项目承担单位收到经费后，一周内将相关票据寄送政策法规司。

4.11 横向科研项目

一、项目的定义

横向科研项目为项目承担单位接受非财政资金资助开展的科学研究（包括合作研

究）项目。承担科技计划等专项的子课题，按相应各类纵向项目管理办法归口管理，不纳入横向科研项目管理范围。

二、项目的组织管理

院属单位在开展横向科研任务时，应依据相关法律法规与委托单位签订合同或协议，约定目标任务、资金投入和使用、知识产权归属、权益分配等事项；涉及国际合作业务的，院属单位应在签订合同前主动向院国际合作局报告，签订合同后 1 个月内，向院国际合作局备案。

三、项目合同的内容

合同内容应包括（但不限于）合同双方单位名称及联系方式，研究主题、研究目标，研究计划，经费支付方式，知识产权归属，合同生效时间，双方签章及日期等内容。

四、项目的预算管理

横向科研经费是指项目承担单位通过开展合作研究、委托研究、技术开发、技术咨询、技术服务等方式从委托方获得的科研项目经费。横向科研经费管理按照《中国农业科学院横向经费使用管理办法（试行）》（农科院财〔2016〕310 号）以及各单位制定的横向经费管理办法执行。

通过竞争性等方式获得各级政府及有关单位或境外资助的项目经费，若委托方未提出具体的项目及经费管理要求，可按横向科研经费管理。

院属单位作为项目成员参与政府财政科研项目并从项目牵头或主持单位取得的转拨经费按相关管理办法执行。

五、项目预算编制的主要内容

横向科研项目负责人应当根据项目委托单位要求和科研活动实际需要，科学编制预算，按规定配置经费开支范围和比例、计算应缴税费、计提间接费用。

横向科研经费支出实行合同约定优先原则。合同中有明确经费支出规定的，严格按照合同规定支出。合同中预算支出范围除比照财政支持的科研项目开支科目外，还可以计提管理费、列支与项目有关的人员费、业务接待费、研究生论文答辩专家咨询费等，但不得列支与研发工作无关的费用。

管理费计提比例原则上不超过项目经费的 40%，具体比例由各单位自行确定，计提的管理费主要用于补偿单位为项目开展提供的现有仪器设备及房屋，水、电、气、暖消耗，及有关管理费用等。人员费既包括项目组非正式在编人员的劳务费，也包括正式编制成员的工资性支出（含五险一金）。

经费预算作为合同的必备内容经财务部门审核后，一般不得更改。确有必要的，与项目委托单位协商一致并经科研管理部门、财务部门审核通过后方可调整。

六、项目资金管理的政策文件

《中国农业科学院横向经费使用管理办法（试行）》（农科院财〔2016〕310 号）。

第5章　科研项目经费预算编制参考模板

本章列举了中国农业科学院承担的一些常见项目预算申报模板，可供广大科研人员在编制同类项目预算申请时参考。

5.1　重大专项课题

一、承担单位简介

中国农业科学院……所是……。

二、任务研究内容及考核指标

研究目标：建立……生物分子特征识别技术体系，完成对有重大应用前景的……生物的分子特征识别。

研究内容：以……栽培品种成熟种子为分析对象，分别分析其转录组，蛋白质组和代谢组图谱和检测新技术，建立系统的常规品种材料的转录，蛋白质和代谢组数据库，开展专项研发的……和……等分子特征分析。

考核指标：完成1~2个……分子特征系统生物学分析，建立常用的××和××核心品种分子特征数据库，建立分子特征识别新方法，新技术标准××项以上，申请发明专利××项以上，获得发明专利××项。

三、前期投入及现有基础条件

……

四、对承担单位和相关部门承诺提供的支撑条件进行详细说明，并针对项目（课题）实施可能形成的科技条件资源和成果，提出共享的方案。

本课题将按照国家有关科研经费管理办法及其规定的履行课题依托单位的职责和义务，中国农业科学院……研究所及各个项目承担单位将为课题研究提供人力、物力及其他方面保障，确保课题各研究内容的顺利实施。本项目各承担单位之间实行资源共享，实现资源优化配置最大化，并且具备本项目执行过程中所需的大部分资源和仪器设备，其他资源和仪器设备均可通过共享获得，项目完成后形成的资源和成果依据项目承担协议和相关法律、法规、文件及规定进行共享。在课题任务完成后，课题研究材料在签订科研合作协议后，可提供给其他科研人员进行合作研究。

五、对各支出项目主要用途、与项目（课题）的相关性及测算方法、测算依据进行详细分析说明。

（一）设备费

20××年仪器费预算为××万元，购置仪器的名称及型号、单价和数量见下表：

仪　器	单价（万元）	数　量	金额（万元）
六一核酸电泳仪	0.35	1	0.35
ABI 基因……扩增 PCR 仪	5	1	5
Thermo 小型台式离心机	1.65	1	1.65
……	××××	×	××××

PCR 仪：在项目执行过程中需要进行大量的……克隆及……材料鉴定，PCR 仪是以上研究的必备仪器；由于已有仪器已使用×年，因长期高强度使用，制冷模块经常维修，该设备现已生成新型号，原有设备指标偏低，须更新换代。为保障本项目中涉及的……扩增和材料鉴定顺利实施，需要购买 PCR 仪 1 台，每台约 5 万元。

小型离心机：在项目执行过程中需要进行大量的……克隆及……材料鉴定，而离心机是 DNA、蛋白质提取的必备设备。现有设备已达到报废年限，为保证项目的顺利完成，20××年需要更新 1 台小型离心机，最高离心力 17 000g，每台 1.65 万元。

电泳仪：在项目执行过程中需要进行大量的……克隆及……材料鉴定，而电泳仪是核酸及蛋白质电泳检测所必须的设备，原有设备经长期使用，已不能保证稳定的输出电压，对检测结果影响比较大。为保证项目的顺利完成，20××年需要更新 1 台，单价 0.35 万元。

……

（二）材料费

本任务研究内容以……栽培品种成熟种子为分析对象，分别分析其转录组，蛋白质组和代谢组图谱和检测新技术，建立系统的常规品种材料的转录，蛋白质和代谢组数据库，开展专项研发的……和……等分子特征分析。考核指标是完成 1～2 个……分子特征系统生物学分析，建立常用的……和……核心品种分子特征数据库，建立分子特征识别新方法，新技术标准××项以上，申请发明专利××项以上，获得发明专利××项。

本课题前期已经克隆获得××个已经报道的用于……遗传转化的功能……，包括……，……。在……克隆的过程中涉及普通 Tag 酶、长片段扩增的 LA Tag 酶、……等，筛选细菌抗生素（潮霉素……等）、用于蓝白斑筛选的 X-gal 和 IPTG、用于克隆载体鉴定的质粒提取试剂盒等。

在蛋白表达载体的构建以及蛋白纯化的过程中，涉及的蛋白提取试剂盒、……（未获得具有生物学活性的蛋白质，……）、蛋白浓缩超滤管等等。

此外，对于……材料的检测过程还会涉及一些植物总 DNA、RNA 提取试剂盒，液氮，随机引物标记试剂盒、杂交试剂盒等等。

常规实验操作过程中还会涉及大量的酚、氯仿、异丙醇、无水乙醇、消毒用 75%酒精、酒精灯用 95%酒精、配制各种溶液用的 Tris 和 EDTA、消化提取获得的质粒中

RNA 的 RNase。此外还需要培养皿、100~1 000ML 三角瓶、移液器吸头、Eppendorrf 管、PCR 管、蒸馏水、记号笔、一次性的手套、口罩等。加之上述实验过程中存在一定的失败风险，依据以上测算，我们对本年度任务执行过程中需要财政投入的试剂耗材费预算如下：20××年材料费预算为××××万元，购置试剂材料的名称、型号、单价和数量见下表：

试　剂	单价（元）	数　量	金额（万元）
30%过氧化氢	8.5	10	0.0085
75%乙醇，500 毫升	7	50	0.035
95%乙醇 500 毫升	7	50	0.035
96 孔定量 PCR 板	19	20	0.038
Bacto--yeast extract 酵母提取物	200	20	0.4
Bio--Rad 电转杯	50	2	0.01
CTAB（溴代十六烷基三甲胺，500g，Amresco）	800	2	0.16
Cy3--dCTP	1 500	2	0.3
d. LA Taq（500U，takara）	950	2	0.19
DEPC100 毫升	2 400	1	0.24
Dig 标记与检测试剂盒	4 500	2	0.9
PE 手套	40	25	0.1
PH 标准液（500ml，拜尔迪）	120	12	0.144
……	××	××	××
……	××	××	××

（三）测试化验加工费

20××年测试费预算为××××万元，测试内容、单价和数量见下表：

测试内容	单价（元）/单位	数　量	总价（万元）
普通引物的合成	45/条	300	1.35
抗体制备	5 000/个	2	1.0
金标记信号定量检测	800	6	0.48
DNA 测序反应	35	500	1.75
……	××××	××××	××××

（四）燃料动力费

20××年燃料动力费预算为××××万元，支出项目、计量依据和数量见下表：

支出项目	计量依据	单价（元）	数 量	金额（万元）
光、温、湿可控植物组织培养间的运行	每平米每天电费10元，年电费3 000元（运行300天X平均每平米电费10元=3 000元）	3 000	5	1.50
超低温冰箱（-80℃）的运行	每天电费15元，年运行300天，运行1年计4 500元	4 500	1	0.45
农田种植用水及灌溉用电	平均每亩每年500元	500	4	0.20
实验室冬季供暖费用	按照每平米35元计	35	180	0.63
……	……	××××	×××	××××

（五）差旅费

20××年差旅费预算为××××万元，支出项目、计量依据和数量见下表：

支出项目	单价（元）	数 量	总价（万元）
国内学术交流（交通费每人次2 500元，食宿费每人次平均6天每天250元，计4 000元/人次）	4 000	2	0.80
……	××××	××××	××××

（六）会议费

……

（七）国际合作与交流费

为了解本课题相关领域在国际上的最新技术研究进展，以及新产品开发方面的最新进展，课题计划邀请……大学的……博士来华访问交流，具体计划如下：20××年国际合作交流费预算为×××万元，交流类型、国家、机构、数量及计量依据见下表：

交流类型	国家及机构	人 数	天 数	计量依据	金额（万元）
聘请外国专家	……	1	3	国际往返旅费16 000元/人，住宿550元/人×天，餐费200元（30美元）/人×天等	1.83
……	……	××	××	……	××××

（八）出版/文献/信息传播/知识产权事务费

为了及时将科研成果进行总结汇总，把取得的成果进行交流，同时，形成我国自主知识产权，本课题20××年预算为××××万元，支出项目、计量依据和数量见下表：

支出项目	单价（元）	数　量	金额（万元）
SCI 因子<5 论文版面费	5 000	1	0.5
国内核心	2 000	3	0.6
……	××××	××××	××××

（九）劳务费

为了保障项目顺利开展，完成既定任务目标，需要投入大量的人力来完成具体的工作，该费用主要用于支付课题所需实验室研究生的科研生活补助，项目助理、以及临时工作人员的工资或补助等。劳务费预算为××××万元，支出项目、计量依据和数量见下表：

支出项目	计量依据	单价（元）	数量（人月）	金额（万元）
博士研究生劳务费	1 500 元/人月	1 500	16	2.4
聘用优秀博士硕士毕业为项目研究助理参与研究工作	3 000 元/人月	3 000	6	1.8
……	××××	××××	××××	××××

其中，每年需要××名博士参与研究工作，需要的补助为：2× 1 500×8/ 10 000 = 2.40 万元；为保证项目的顺利完成，需要一些动手能力强并且具有一定项目管理经验的科研助理为本项目服务 20××年需要××人，工资为 3 000元/月，每年为本项目工作 6 个月，合计 6× 3 000/ 10 000 = 1.80 万元；为保证项目实施进度，在实验工作量较大的时间段，需要聘请具有一定专业背景的短期临时工作人员，工资为 1 000元/人・月，20××年共需要××人月，合计××××万元。

（十）专家咨询费

为了保证课题圆满完成预定目标，课题将聘用本专业国内知名专家对课题执行过程中遇到的技术难题进行现场咨询，同时对需要进行微调的实验方案进行现场论证。高级专家每人××××元/天，××人天，计××××万元。

（十一）基本建设费

无。

（十二）其他费用

无。

（十三）间接费用

按照国家规定，间接费用主要用于课题组织实施、管理过程所发生的管理、协调、监督以及承担单位用于科研人员激励的相关支出等费用，本课题 20××年预算为××××万元。

（十四）其他需要说明的事项

无。

除中央财政资金以外其他渠道经费落实情况说明（需详细说明经费的具体来源、分年度落实和到位情况，以及具体用途等）

5.2　国家重点研发计划

预算说明如下。

一是对课题牵头单位、参与单位前期已形成的工作基础及支撑条件，以及相关部门承诺为本课题研发提供的支撑条件等情况进行详细说明。

本部分从对课题研发的支撑作用方面，重点详细说明课题牵头单位、参与单位和相关部门与承担本课题研究开发任务相关的前期投入情况和已经形成的相关基础条件，包括形成的主要研发基地和装备条件，如单位为课题研究开发所能提供的场地（实验室、工程技术中心、示范基地等），所能提供的仪器设备、装置、专用软件、数据库，具备的测试化验加工基础条件，以及研究团队保障等情况。

……大学是……。

……大学是……。

中国科学院……研究所……。

二是对课题的主要研究内容、任务分解情况及子任务的经费需求进行说明。

本部分重点是根据课题研究任务和考核指标，结合课题牵头单位和参与单位现有支撑条件，对任务的分解情况和各子任务的经费安排情况进行说明。如有自筹经费，也需简要说明。

课题和各子任务的主要研究内容需与课题申报材料相关内容保持一致。

（1）课题主要研究内容。

内容 1，我国有机肥资源……研究。

内容 2，有机肥施用对……影响机制与调控途径。

内容 3，有机肥替代化肥的……机制。

内容 4，有机肥施用的……评价及……阻控机制。

内容 5，有机肥高效替代化肥的……方法与技术标准。

（2）课题任务分解情况。

本课题有……大学、……大学和中科院……研究所 3 家单位参加，研究内容 1 主要由……大学完成，……，需要经费 20 万元。研究内容 2 主要由……大学完成，着重研究……。需要进行田间定位试验和室内相关研究项目的分析，需要经费××××万元。研究内容 3 主要由……大学和中科院……研究所完成，侧重研究……，需要经费××××万元。研究内容 4 主要由……大学承担，主要研究……，需要经费××××万元。研究内容 5 主要由……大学完成，……。需要经费××万元。

（3）经费安排见下表。

承担单位	承担任务	专项经费（万元）	占总经费比例（%）
……大学（牵头单位）	子任务一、二、三和五	××××	××××
……大学（参加单位）	子任务四	××××	××××
中科院××研究所（参加单位）	子任务三	××××	××××

三是对本课题各科目预算主要用途、与课题研发的相关性、必要性及测算方法、测算依据进行详细说明；如同一科目同时编列专项经费和自筹经费的，请分别进行说明。

本部分是预算说明的重点，应对各科目预算分专项经费和自筹经费进行说明。

课题经费预算由直接费用和间接费用组成，各科目具体情况如下，总经费预算见下表：

科　目	课题预算经费	课题预算经费比例
（一）直接费用	××××	××××
1. 设备费	××××	××××
2. 材料费	××××	××××
3. 测试化验加工费	××××	××××
4. 燃料动力费	××××	××××
5. 差旅费	××××	××××
6. 会议费	××××	××××
7. 国际合作交流费	××××	××××
8. 出版/文献/信息传播/知识产权事务费	××××	××××
9. 劳务费	××××	××××
10. 专家咨询费	××××	××××
11. 其他支出	××××	××××
（二）间接费用	××××	××××
其中：绩效支出	××××	××××
合计	××××	××××

（注：间接费用的绩效支出按照各单位内部管理办法执行）

第一部分　试验基地规模与样品数量测算

本课题承担有机肥料……机理研究，在江苏、浙江、湖南、广西壮族自治区等××个研究基地开展，设施大棚面积××亩，大田作物××亩。以此作为材料费、测试费、差旅费、劳务费等科目的主要测算依据（示例表 1 和示例表 2）。

示例表 1　测算内容及用途

序　号	测算内容	用　途
1	试验基地概况	为材料费、燃料动力费、劳务费、差旅费等支出科目测算依据
2	试验样品量	为材料费、测试费测算依据

示例表 2　本课题试验基地一览表

序　号	试验地点	承担单位	研究任务	往返距离（公里）	基地面积	设施蔬菜/大田作物/果树
1	南京江宁横溪	……大学	任务二和任务三	××××	××××	设施蔬菜
2	江苏省溧阳市	……大学	任务二和任务三	××××	××××	大田作物
3	江苏省如皋市	……大学	任务二、任务五	××××	××××	大田作物
4	江苏省盐城市	……大学	任务一	××××	××××	设施蔬菜
5	江苏省句容市	……大学	任务一	××××	××××	大田作物
6	江西省进贤县	……大学	任务二	××××	××××	大田作物
××	……	……	……	××××	××××	设施蔬菜
合计		××××				

本课题每年度田间试验取得样品总量为××××万个，5 年共计××××万个，其中土壤样品××××万个，植株样品××××万个，用于材料费和测试费预算。具体测算依据见示例表 3。

示例表 3　每个试验年度土壤、植株样品量测算

承担单位	试验地点	品种数量	试验处理	样品类型	取样时期	田间重复	测定重复	总计（个）
……大学	江宁横溪	××	××	××	××	××	××	××××
……大学	江苏溧阳	××	××	××	××	××	××	××××
……大学	江苏如皋	××	××	××	××	××	××	××××
……大学	江苏盐城	××	××	××	××	××	××	××××
……大学	江苏句容	××	××	××	××	××	××	××××
……大学	江西进贤	××	××	××	××	××	××	××××
……	……	××	××	××	××	××	××	××××
合计								××××
5 年合计××××个样品，其中土壤样品××××个，植株样品××××个								××××

注：样品类型主要包括土壤、作物根系、茎秆、叶片，籽粒/果实等

第二部分　专项经费支出测算

一、直接费用

（一）设备费

主要用于购置设备费，合计××万元。

课题任务中需要对田间的一些环境参数比如光照，温度，湿度等进行室内模拟，并在模拟条件下测定土壤的一些酶的活性变化，购置智能光照培养箱（国产，型号 SPX-800I-G）××台，××万元/台。

（二）材料费

材料费共计××万元，其中小区试验农资费××万元，试剂费××万元。

——小区试验农资费，××万元。

本课题共计××个基地，总面积××亩，其中设施蔬菜面积××亩，大田作物面积××亩，由于各个基地包括道路、保护行、排水沟等，实际使用面积约××%，因此实施蔬菜和大田作物的实际实验面积分别为××亩和××亩。设施蔬菜每年的农资费为××元/亩，农资费为××元/亩×18.2 亩×5 年=××万元，大田作物平均每年的农资费为××元/亩，农资费为××元/亩×58.8 亩×5 年=××万元，共计××万元（示例表 4，示例表 5）。

示例表 4　大田作物每亩田间小区常规管理农资费

科　目	单　位	大田作物（一年两茬）				总成本（元/亩）
		水稻		小麦或油菜		
		数量	单价	数量	单价	
种子	公斤	××	××	××	××	××
尿素	公斤	××	××	××	××	××
过磷酸钙	公斤	××	××	××	××	××
氯化钾	公斤	××	××	××	××	××
农药		××	××	××	××	××
灌水费		××	××	××	××	××
有机肥/生物质炭	公斤	××	××	××	××	××
合计						××

注：施肥以生物质炭或生物有机肥与无机化肥配施为主，化肥减施××%

示例表 5　设施蔬菜每亩田间小区常规管理农资费

科　目	单　位	设施蔬菜（以番茄和辣椒为例）				总成本（元/亩/年）
		番茄		辣椒		
		数量	单价	数量	单价	
种苗	株	××	××	××	××	××
尿素	公斤	××	××	××	××	××
过磷酸钙	公斤	××	××	××	××	××
氯化钾	公斤	××	××	××	××	××
有机肥/生物质炭	公斤	××	××	××	××	××
农药	瓶	××	××	××	××	××
薄膜	平方米	××	××	××	××	××
遮阳网	平方米	××	××	××	××	××
滴管	个	××	××	××	××	××
合计						××

注：施肥以生物质炭或生物有机肥与无机化肥配施为主，化肥减施××%.

——试剂费，××万元。

（1）测定土壤氮、磷、钾等养分，××万元。

本课题 5 年累计获取土壤样品××万个（见示例表 6）。测定全氮、水解性氮、全磷、有效磷、全钾、速效钾、缓效钾和有机质等土壤养分指标，消耗的各类化学试剂见表 5。折合试剂费为××元/样品，××元/个×3.73 万个＝××万元。

示例表 6　土壤养分测定的化学试剂及单个样品的费用

试剂名称	单　位	单价（元）	可测样品数（个）	每个样品费用（元）
硫酸	瓶	××	××	××
氢氧化钠	瓶	××	××	××
硼酸	瓶	××	××	××
高氯酸	瓶	××	××	××
钼酸铵	瓶	××	××	××
酒石酸锑钾	瓶	××	××	××
抗坏血酸	瓶	××	××	××
……	……	××	××	××
合计				××

注：硫酸用于土壤样品全氮的消煮，氢氧化钠和硼酸用于消煮后待测液的蒸馏提取；硫酸、高氯酸、钼酸铵、酒石酸锑钾和抗坏血酸用于测定土壤全磷；重铬酸钾、硫酸亚铁和邻啡罗啉用于测定土壤有机质；阿拉伯胶用于测定水解性氮含量；碳酸氢钠抗坏血酸用于土壤速效磷测定；硝酸用于土壤缓效钾测定；乙酸铵土壤速效钾测定

(2) 测定土壤微生物性质，××万元。

本课题5年累计获取土壤样品××万个（表3）。微生物学性质样品分析消耗的各类化学试剂见示例表7，折合试剂费为××元/样品。共计××元/个×3.73万个=××万元。

示例表7　土壤微生物指标测定的生化试剂及单个样品的费用

试剂名称	单　位	单价（元）	可测样品数（个）	每个样品费用（元）
氯仿	瓶	××	××	××
硫酸钾	瓶	××	××	××
硫酸	瓶	××	××	××
磷酸	瓶	××	××	××
重铬酸钾	瓶	××	××	××
硫酸亚铁铵	瓶	××	××	××
邻菲罗啉	瓶	××	××	××
硼酸	瓶	××	××	××
……	……	××	××	××
合计				××

注：氯仿用于提取土壤中的土壤微生物量碳、氮，硫酸钾、硫酸、磷酸、重铬酸钾、硫酸亚铁铵和邻菲罗啉用于测定土壤微生物量碳；硼酸、氢氧化钠和硫酸铜用于测定土壤微生物量氮；甲苯、尿素、柠檬酸、氢氧化钾、苯酚钠、乙醇、甲醇、丙酮、次氯酸钠和硫酸铵用于测定土壤脲酶；甲苯和磷酸苯二钠酚用于测定土壤磷酸酶；3，5-二硝基水杨酸、磷酸氢二钠和葡萄糖测定土壤蔗糖酶

(3) 植株氮、磷、钾等养分测定，××万元。

本课题5年累计获取植株样品和果实共××万个。植株N、P、K和微量元素分析消耗的各类化学试剂见示例表8，折合试剂费为××元/样品。共计××万个样品×1.76元/个=××万元。

示例表8　植株养分测定的化学试剂及单个样品的费用

试剂名称	单　位	单价（元）	可测样品数（个）	每个样品费用（元）
硫酸	瓶	××	××	××
氢氧化钠	瓶	××	××	××
双氧水	瓶	××	××	××
重铬酸钾	瓶	××	××	××
硫酸亚铁	瓶	××	××	××
……	瓶	××	××	××
合计				××

注：硫酸和双氧水用于植株样品无机态N、P、K的消煮；氢氧化钠用于消煮后样品的蒸馏提取，吸收植株N元素；间苯二酚、抗坏血酸用于测定植株样品的有机态磷含量；硝酸和高氯酸用于矿质元素消煮

（4）常规分子生物测定，××万元。

课题中需进行大量分子生物学常规实验，包括质粒构建、……敲除、功能蛋白异源表达纯化（信号分子受体蛋白及其他关键调控因子）等，所需 DNA 聚合酶、试剂盒、引物等分子生物试剂共计××万元，具体试剂汇总见示例表 9。

示例表 9　常规分子生物学试剂及费用

名　称	单价（元）	规　格	5 年总需求量	5 年费用（万元）
DNA 聚合酶	××	/500U	××	××
LA Taq	××	/200U	××	××
Phusion Taq	××	/100U	××	××
dNTP Mixture	××	/500ul	××	××
T4 连接酶	××	/2 000U	××	××
溶菌酶	××	/1g	××	××
Rnase A	××	/1g	××	××
蛋白酶 K	××	/100mg	××	××
……	××	××	××	××
合计（万元）				××

（5）同位素氮肥的购买，××万元。

根据课题要求，需研究有机肥替代养分对土壤养分吸收利用及其转化的影响，拟采用^{15}N同位素标记法进行模拟试验。预计 5 年共需要丰度为××%的（$(^{15}NH_4)_2SO4$和 $K^{15}NO_3$ 各 100g，$(^{15}NH_4)_2SO_4$ 价格为××元/g，$K^{15}NO_3$ 价格为××元/g，合计为××元/g×100 g×5 年=××万。

（三）测试费

本课题主要测试分析内容均可在研究团队内部由课题成员和研究生完成。但受课题承担人员分析检验手段和课题组实验室测试仪器的限制，部分测试化验工作将委托具有独立核算的外单位测试。共××个测试项目，共计××万元。

（1）土壤……分析，××万元。

……。课题组在执行过程中每年预计取样××个（××个试验点，分别选取××个处理，每个处理××个重复，××个取样时间），每个土壤样品分别分析细菌和真菌种群群落结构，共计××个，利用高通量测序方法（Miseq）分析其群落结构及相关……丰度等指标。××元/样，5 年小计××万元（委托……有限公司测定）。

（2）土壤……的测定，××万元。

……。课题组在执行过程中每年预计采集土壤样品，进行土壤……的测定。每年土壤样品××个（××个试验点，分别选取××个处理，每个处理××个重复，××个取样时间），××元/样，5 年小计××万元（委托……大学……院分析测试中心测定）。

（3）有机肥堆肥过程中……含量的测定，××万元。

为了明确堆肥过程中钝化剂和调理剂等对有机肥中……含量变化的动态影响，课题组在执行过程中每年预计采集不同时间段堆肥样品，进行堆肥样品中……含量的分析测定。每年采集堆肥样品××个，××元/样，5 年小计××万元（委托××大学大型仪器测试平台测定）。

（4）有机肥堆肥过程中……含量分析，××万元。

为了明确堆肥过程中……含量的动态变化影响，课题组在执行过程中需要采集不同时间段堆肥样品，进行样品中主要……含量的分析测定。每年采集堆肥样品××个，××元/样，4 年（201×–20××年）小计××万元（委托××大学大型仪器测试平台测定）。

（5）土壤中重金属全量及有效量的测定分析，××万元。

为了明确有机肥施用对土壤中重金属含量的动态影响，课题组在执行过程中采集不同时间段土壤样品，进行样品中重金属含量的分析测定。每年采集土壤样品××个（××个处理，××种作物，××次采样，××次田间取样重复，××次测定重复），××元/样，××年小计××万元（委托……大学大型仪器测试平台测定）。

（6）……含量的测定分析，××万元。

课题组在执行过程中采集不同生育期农作物样品，进行……含量的分析测定。每年采集农作物样品××个（××个处理，××种作物，××次采样，××次田间取样重复，××次测定重复），××元/样，5 年小计××万元（委托××大学大型仪器测试平台测定）。

（7）……分析，××万元。

课题组在执行过程中筛选有显著性效果的处理采样分析……（克隆测序）。样品××个，每个样品测定××个克隆子，测序按××元/克隆（序列）计，××个样品×150 克隆子×15 元/克隆，共计××万元（委托……公司测定）。

（8）……分析，××万元。

……

（四）燃料动力费

燃料动力费合计××万元，主要用于耕整地和植保机具耗油。

本课题小区试验面积××亩。每亩试验田每年机耕、机整地及收获消耗柴油××升左右，按××元/升计算。5 年试验合计××亩×15 升×7 元×5 年＝××万元。

每亩试验田每年一般需要用迷雾机喷洒农药××次，消耗汽油××升，按××元/升计算。5 年试验合计××万元。

（五）差旅费

课题差旅费合计支出××万元，主要用于研究生往返试验基地（××万元）、课题组成员往返试验基地（××万元）以及参加国内学术会议的差旅费用（××万元）。

（1）研究生往返试验基地的差旅费，合计××万元。

本课题共有××个试验点，研究任务量大，需要研究生驻点辅助试验实施。试验基地到课题承担单位驻地往返距离共计××公里，驻点研究生××人。每年差旅费用为××万元，5 年合计为××万元。具体测算详见示例表 10。

示例表 10　试验基地研究生驻点人数和差旅费核算依据

承担单位	试验地点	往返距离（公里）	人　数	年驻点天数（天/人）	补助（元/天）	年人均往返次数	一次交通费（元/人）	差旅费（万元/年）
……大学	横溪	××	××	××	××	××	××	××
……大学	溧阳	××	××	××	××	××	××	××
……大学	如皋	××	××	××	××	××	××	××
……	……	××	××	××	××	××	××	××
			11 年合计					××
			55 年合计					××

注：（1）差旅费=研究生数×（驻点天数×驻点补助+往返次数×交通费）

（2）研究生住宿在实验基地，没有住宿费

（2）课题成员到试验基地人数和差旅费，合计××万元。

本课题共有××个试验点。试验基地到课题承担单位驻地往返距离共计××公里，课题成员平均每年到基地天数累计为××天。每年差旅费用为××万元，5 年合计为××万元。具体测算详见示例表 11。

示例表 11　课题成员到试验基地人数和差旅费核算

承担单位	试验地点	距离（公里）	人　数	年到基地天数（天/人）	差旅补助（元/天）	年人均往返次数	一次交通费（元/人）	差旅费（万元/年）
……大学	横溪	××	××	××	××	××	××	××
……大学	溧阳	××	××	××	××	××	××	××
……	……	××	××	××	××	××	××	××
			11 年合计					××
			55 年合计					××

注：（1）差旅费=课题成员人数×（年到基地天数×差旅补助+往返次数×交通费）

（2）住宿均住在试验基地，没有住宿费

（3）参加国内学术会议差旅费

主要用于课题成员参加国内学术交流会支出。课题主要成员××人，平均每人每年××次，会议××天，平均交通费为××万元，住宿费××万元，补助××万元。每年会议费××万元。5 年合计××万元。

（六）会议费

会议费合计××万元，主要用于课题工作部署、总结、咨询等工作会议以及课题成员参加国内学术会议的注册费。

（1）课题工作会议费（××万元）。

课题年度总结与集中研讨，参加人员为……大学、……大学、中国科学院××研究所的主要科研和管理人员及研究生，每年××次，每次××人，每次××天，每人每天××元，每年共××万元，5年××万元。

召开课题现场观摩会，参加人员为项目组主要人员，共××次，参会人数大约××人，会议时间××天，每人每天××元，合计××万元。

（2）参加国内学术会议注册费（××万元）。

课题成员参加国内学术交流会，以加强学术交流，将本项目研究结果及时与全国同行进行交流，听取和吸纳同行意见，以提高本项目完成质量。

课题成员参加国内学术交流会，课题主要成员××人，平均每人每年××次。每次会议注册费××万元，每年会议费××万元。5年合计××万元。

（七）国际合作与交流费

国际合作与交流费预算支出××万元。主要用于课题骨干出访费用（××万元）和国际学者来访费用（××万元）。

（1）课题骨干出访费，××万元。

为了更好地完成课题研究任务，拟派课题研究人员××人赴美国加州参加××年会及加州大学……分校等科研机构××天，考察学习……等方法。费用预算××万元。具体如下：

①境外费用：合计××美元，折算人民币××万元（汇率：1美元=××人民币元）。

住宿费：××美元×7天×2人=××美元；

伙食费：××美元×7天×2人=××美元；

公杂费：××美元×7天×2人=××美元。

②国际旅费：上海—洛杉矶/洛杉矶—上海往返交通费价格约为：××万元/人，2人合计××万元。

③国内费用：合计××万元，每人约××元（含签证费、预培训费、食宿费、集体赴机场交通费、境外保险费等），则2人合计××万元。

为了更好地完成课题研究任务，拟派课题组××名研究人员参加20××年8月在……举办的……第××会议，交流……技术，费用共计××万元。其中：

第一部分，境外费用：共计××美元，折合人民币为××万元（汇率：1美元=××人民币元）。

①住宿费：××美元×5天×3人=××美元

②伙食费：××美元×5天×3人=××美元

③公杂费：××美元×5天×3人=××美元

④零用费：××美元×3人=××美元

⑤交通费：××美元×3人=××美元

第二部分，国际旅费：合计××万元。北京到蒙特利尔交通费价格按××万元/人，××人合计××万元。

第三部分，会议注册费××元/人，××人共××万元。

第四部分，国内费用：合计××万元，每人约××元（含签证费、食宿费、集体赴机场交通费、境外保险费等），则××人合计××万元。

（2）国际学者来访费，××万元。

课题拟邀请美国加州大学……分校专家××人次来华 7 天，到本单位做关于……方面的研究讲座，并参观交流，预算××万元，依据如下：

① 国际旅费：洛杉矶—上海—洛杉矶往返交通费价格约为：××万元/人。

② 国内费用：××万元×1 人=××万元〔含食宿费（住宿、餐饮费按四星级酒店标准约为××元/人/天）、国内交通费、保险费等）〕。

国际学者来访费用小计：①+②=××万元。

课题拟邀请加拿大……大学……专家××人次来华××天，到本单位做关于……讲座，并参观交流，预算××万元，依据如下：

① 国际旅费：蒙特利尔—北京—蒙特利尔往返交通费价格约为：××万元/人。

② 国内费用：××万元×1 人=×× 万元〔含食宿费（住宿、餐饮费按四星级酒店标准约为××元/人/天）、国内交通费、保险费等）〕。

国际学者来访费用小计：①+②=××万元。

（八）出版/文献/信息传播/知识产权事务费

共计××万元。主要用于论文版面费（××万元）、文献检索费（××万元）和专利申请费（××万元）。

（1）论文发表版面费：按项目任务计划，本课题需要发表论文××篇以上，每篇论文版面费按××万元计算，共需要××篇×0.30 万元=××万元。

（2）文献检索、入网费：共计××万元。其中，文献检索查询费××万元，主要用于查询国内外耕地培肥和耕作制度等方面的最新研究进展，其中国家科技图书文献中心全文查询费××元/年×5 年=××万元，国外杂志期刊查询费按照每年××元计，5 年共计××万元。入网费预计××万元。

（3）专利申请费：本课题实施过程中预计申请国家发明专利××项。缴费标准按照国家知识产权局专利收费标准（包括申请费，印刷费、审查费、复审费）及代理费等，发明专利每项约××元，××项××万元。

（九）劳务费

劳务费合计××万元。主要用于临时雇佣人员劳务费（××万元）、季节性农民工劳务费（××万元）和研究生助研费（××万元）。

（1）临时雇佣人员劳务费，××万元。

本课题共布设××个试验点，负责××亩试验田的日常管理，需要临时聘用田间管理人员××人，协助实验分析和课题田间实验的日常管理。每年聘用××个月，按每个月工资××元，合计××万元。

（2）季节性农民工劳务费，××万元。

本课题小区试验田××亩，需要雇佣农民工做小区、栽种、施肥、除草、防病治虫、收割等。由于是小区试验，这些农事操作只能人工完成，一般每亩小区试验田需用工××人天，主要包括小区布置、收割、整地等、施肥、除草、防病治虫等，农民工工价按照××元/人天计，每亩小区试验田用工费为××元/亩。××亩合计为××万元。

（3）研究生助研费，××万元。

本课题小区试验田××亩，取样量近××万，××个试验点，需要××位研究生，其中博士生××人，硕士生××人。每人平均每年参加项目××个月，主要参加相关野外采样、试验及室内分析研究。5 年参与本研究的硕士研究生费用××万元；博士研究生××万元。硕士生和博士生助研费合计××万元。

（十）专家咨询费

共计××万元。课题实验方案与布置、集中研讨和年度总结等，以及对在江苏、浙江、湖南、广西等实验基地进行田间观摩和验收评议会，邀请专家对课题进行指导，每次邀请国内同行知名专家邀请国内同行专家××人，每次××天，每人专家咨询费××元，合计××万元，5 年共计××次，共计××万元。

（十一）其他费用

主要为实验用地租赁费，共计××万元。

本项目包括××个试验点，主要位于江苏、浙江、湖南和广西，主要进行有机肥替代化肥的机理机制研究，共计××亩，租地补偿金按平均每年××元/亩计算，租地补偿租地费：××万元。

二、间接费用

本课题申请直接经费××万元，其中设备费××万元。按国家科研经费管理规定，申请间接经费××万元。主要用于依托单位在组织实施科研项目过程中，为项目提供的仪器设备及房屋、水、电、气暖的消耗，课题管理费用支出，以及绩效支出等间接费用。

其中绩效支出××万元，主要是为对相关科研工作人员进行绩效考核，奖励工作表现突出人员，以提高科研工作人员积极性和效率。每年奖励××人，其中××人的奖励标准为××万元/人，其余××人的奖励标准为××万元/人，每年奖励为××万元，5 年共计××万元。

三、“自筹经费来源说明（需说明经费的来源、用途，并提供证明材料）”

本部分简要说明除专项经费以外的各种渠道来源的自筹资金，包括：地方财政资金、单位自有货币资金和从其他渠道获得的资金，以及课题牵头单位、参与单位和相关部门承诺自筹资金的筹措能力。

自筹经费应当提供出资证明以及依托单位证明。

无自筹经费应注明。

5.3　国家自然科学基金

5.3.1　国家自然科学基金面上项目

国家自然科学基金

申　请　书

20××

资助类别：面上项目
亚类说明：
附注说明：
项目名称：细菌种间群感信号……分子机理研究
申 请 者：……　电话：××××
依托单位：中国农业科学院……研究所
通讯地址：……
邮政编码：××××　单位电话：××××
电子邮件：……
申报日期：20××年××月××日

国家自然科学基金委员会

基本信息

<table>
<tr><td rowspan="7">申请人信息</td><td>姓名</td><td>……</td><td>性别</td><td>男</td><td>出生年月</td><td>19××年×月</td><td>民族</td><td>汉族</td></tr>
<tr><td>学位</td><td>博士</td><td>职称</td><td colspan="2">副研究员</td><td colspan="2">每年工作时间（月）</td><td>10</td></tr>
<tr><td>电话</td><td colspan="2">××</td><td colspan="2">电子邮箱</td><td colspan="3">……</td></tr>
<tr><td>传真</td><td colspan="2">××</td><td colspan="2">国别或地区</td><td colspan="3">中国</td></tr>
<tr><td>个人通讯地址</td><td colspan="7">……</td></tr>
<tr><td>工作单位</td><td colspan="7">中国农业科学院……研究所</td></tr>
<tr><td>主要研究领域</td><td colspan="7">……</td></tr>
<tr><td rowspan="3">依托单位信息</td><td>名称</td><td colspan="7">中国农业科学院……研究所</td></tr>
<tr><td>联系人</td><td colspan="2">……</td><td colspan="2">电子邮箱</td><td colspan="3">……</td></tr>
<tr><td>电话</td><td colspan="2">××</td><td colspan="2">网站地址</td><td colspan="3">……</td></tr>
<tr><td rowspan="3">合作研究单位信息</td><td colspan="8">单位名称</td></tr>
<tr><td colspan="8"></td></tr>
<tr><td colspan="8"></td></tr>
<tr><td rowspan="8">项目基本信息</td><td>项目名称</td><td colspan="7">细菌种间群感信号……分子机理研究</td></tr>
<tr><td>英文名称</td><td colspan="7">……</td></tr>
<tr><td>资助类别</td><td colspan="4">面上项目</td><td>亚类说明</td><td colspan="2"></td></tr>
<tr><td>附注说明</td><td colspan="7"></td></tr>
<tr><td>申请代码</td><td colspan="4">××××</td><td colspan="3"></td></tr>
<tr><td>基地类别</td><td colspan="7"></td></tr>
<tr><td>研究期限</td><td colspan="4">20××年 1 月—20××年 12 月</td><td>研究方向</td><td colspan="2">××</td></tr>
<tr><td>申请经费</td><td colspan="7">××××万元</td></tr>
<tr><td colspan="3">中 文 关 键 词</td><td colspan="6">……</td></tr>
<tr><td colspan="3">英 文 关 键 词</td><td colspan="6">……</td></tr>
</table>

项目组主要参与者（注：项目组主要参与者不包括项目申请人）

编号	姓名	出生年月	性别	职称	学位	单位名称	电话	电子邮箱	每年工作时间（月）
1	……	××××××	女	副研究员	博士	中国农业科学院……研究所	××	……	××
2	……	××××××	男	博士生后	博士	中国农业科学院……研究所	××	……	××
3	……	××××××	女	博士生	硕士	中国农业科学院……研究所	××	……	××
4	……	××××××	女	硕士生	学士	中国农业科学院……研究所	××	……	××
5	……	××××××	女	硕士生	学士	中国农业科学院……研究所	××	……	××
6	……	××××××	女	硕士生	学士	中国农业科学院……研究所	××	……	××
7	……	××××××	女	硕士生	学士	中国农业科学院……研究所……	××	……	××

总人数	高　级	中　级	初　级	博士后	博士生	硕士生
××	××	××	××	××	××	××

说明：高级、中级、初级、博士后、博士生、硕士生人员数由申请人负责填报（含申请人），总人数由各分项自动加和产生。

经费申请表　（金额单位：万元）

科目名称	金额
一、项目资金	××
（一）直接费用	××
1. 设备费	××
（1）设备购置费	××
（2）设备试制费	××
（3）设备改造与租赁费	××
2. 材料费	××
3. 测试化验加工费	××
4. 燃料动力费	××
5. 差旅费	××
6. 会议费	××
7. 国际合作与交流费	××
8. 出版/文献/信息传播/知识产权事务费	××
9. 劳务费	××
10. 专家咨询费	××
11. 其他支出	××
（二）间接经费	××
其中：绩效支出	××
二、自筹资金	××

预算说明书（定额补助）

请按《国家自然科学基金项目资金预算表编制说明》中的要求，对各项支出的主要用途和测算理由及合作研究外拨资金、单价≥10万元的设备费等内容进行详细说明，可根据需要另加附页。

本项目申请直接费用××万元，计算依据说明如下：

（1）设备费：××万元，主要用于移液器、冰箱、摇床，紫外交联仪等小设备的购置，以及实验室常用仪器（超低温冰箱、离心机等）的维护保修、零部件更换等。

（2）材料费：××万元，其中试剂/药品等购置费××万元：主要用于……购买和各种实验室常用试剂、药品、培养基的购买××万元；分子生物学试剂××万元，包括各种工具酶、荧光定量PCR试剂盒、DNA/RNA提取纯化试剂盒、质粒提取试剂盒、PCR产物纯化试剂盒、蛋白定量和纯化试剂盒、EMSA试剂盒等；实验室易耗品××万元，包括各种移液器枪头、离心管、试管、玻璃和塑料器皿、96 孔及 24 孔板和平板等，本研究中将大量使用平板进行细菌运动性，生物膜分析，蛋白表达与纯化，EMSA 试验和 ITC 试验等。其他费用××万元：主要用于……实验，比较分析……情况，以及……等费用。

（3）测试化验加工费：××万元，主要用于……的筛选，××万元；……一系列试剂及质谱验证异源表达蛋白的准确性等，××万元；……相互作用的……分析及……足迹分析等，××万元；……菌株构建及 DNA 测序费，××万元；扫描电镜、激光共聚焦等用于……结构观察等，××万元；……蛋白组提取与分析××万元，辅助分析不同培养条件下，提取……；其他还包括 ITC（等温滴定量热法）或 NMR 技术分析费用××万元。

（4）燃料动力费：××万元，本项目研究涉及超低温冰箱、温室等耗能较高设备的应用与维持，按每年××万元计，四年电费计约××万元。

（5）差旅费：××万元，项目组成员参加各种学术会议和交流费用以及去外地测试分析的差旅费用。

（6）会议费无。

（7）国际合作交流费：××万元。

项目组成员出国参加国际学术会议交流：目前……调控研究是国际上非常活跃的研究领域，相关的会议交流也较频繁，项目组成员需选择性的参加一些本领域的国际学术会议以跟踪本领域国际研究前沿。在项目的四年研究期间，项目组成员计划××人次参加国际学术会议，根据以往参加国际会议的经验，每人次国际会议预计××万元左右，包括会议注册费用、国际会议期间的住宿及生活补贴，共计费用××万元。

境外专家来华合作交流：在项目的四年研究期间，拟邀请××人次本领域境外专家到实验室交流访问（美国……大学的……教授和美国……大学……教授），共计费用约××万元。

（8）出版/文献/信息传播/知识产权事务：××万元，主要用于论文发表版面费、文献检索费、复印费、学术书籍等，预计每年××万元，四年计××万元。计算依据：大部分 SCI 源杂志需按页收取版面费，如美国微生物学所属杂志，根据往年发表经验，每篇平均接近××美元，本研究预计在国际期刊发表文章××篇（含无版面费杂志），计××万元；此外进行论文印刷、查新等需支付费用××万元。

（9）劳务费：××万元，主要用于参加本项目的研究生及科辅人员的劳务费用，其中博士生××人，每人每月××元××人××月 = ××万元，硕士生××人，每人每月××元××人××月 = ××万元。

（10）专家咨询费：××万元，四年项目执行期间国内外专家来实验室对本项目的指导与交流。

（11）其他支出：××万元，包括所公共仪器平台使用费及其他难于预测费用。

报告正文

（一）立项依据与研究内容（4 000~8 000 字）

1. 项目的立项依据（研究意义、国内外研究现状及发展动态分析，需结合科学研究发展趋势来论述科学意义；或结合国民经济和社会发展中迫切需要解决的关键科技问题来论述其应用前景。附主要参考文献目录）

……

2. 项目的研究内容、研究目标，以及拟解决的关键科学问题。

(此部分为重点阐述内容)

2.1 项目的研究内容

2.1.1 ……菌株中……的鉴定：……

2.1.2 ……菌株中……鉴定及靶……的功能分析：……

2.1.3 ……菌株中……分子作用机制：……

2.2 项目的研究目标

……

2.3 拟解决的关键科学问题

……

3. 拟采取的研究方案及可行性分析。(包括有关方法、技术路线、实验手段、关键技术等说明)

3.1 研究方法

……

3.2 技术路线

……

3.3 可行性分析

……

申请者本人多年从事……。

此外，项目组所在的中国农业科学院……研究所在……。

因此，我们认为本项目无论是在实验设计、研究基础、研究人员能力和技术条件保证几个方面来讲都是可行的。

4. 本项目的特色与创新之处。

……

5. 年度研究计划及预期研究结果。(包括拟组织的重要学术交流活动、国际合作与交流计划等)

5.1 年度计划

20××. 1～12

……

20××. 1～12

……

20××. 1～12

……

20××. 1～12

……

5.2 预期研究结果

……

（二）研究基础与工作条件

（1）工作基础（与本项目相关的研究工作积累和已取得的研究工作成绩）

与本项目相关的直接工作基础：……

申请者所在实验室已有工作积累：……

申请者本人在小麦功能……组研究方面的工作积累：……

（2）工作条件（包括已具备的实验条件，尚缺少的实验条件和拟解决的途径，包括利用国家实验室、国家重点实验室和部门重点实验室等研究基地的计划与落实情况）

本实验室依托于……。所需的仪器设备齐全，包括：主要仪器如 Beckman DU 800 紫外-可见分光光度计，Nanodrop 2000 微量分光光度计，Agilent 气相色谱（具有脂肪酸分析的 Sherlock MIDI 软件），BIOLOG GN2 自动微生物鉴定系统，瑞士帝肯（Tecan）酶标仪，丹麦 UNISENSE Microsensor 微电极传感测定系统，各型 Eppendorf 和 ABI Life PCR 仪，Bio-rad IQ5 和 ABI 7300 型荧光定量 PCR 仪，……。

（3）申请人简介（包括申请人和项目组主要参与者的学历和研究工作简历，近期已发表与本项目有关的主要论著目录和获得学术奖励情况及在本项目中承担的任务。论著目录要求详细列出所有作者、论著题目、期刊名或出版社名、年、卷（期）、起止页码等；奖励情况也须详细列出全部受奖人员、奖励名称等级、授奖年等）。

……

（4）承担科研项目情况（申请人和项目组主要参与者正在承担的科研项目情况，包括自然科学基金的项目，要注明项目的名称和编号、经费来源、起止年月、与本项目的关系及负责的内容等）。

……

（5）完成自然科学基金项目情况（对申请人负责的前一个已结题科学基金项目（项目名称及批准号）完成情况、后续研究进展及与本申请项目的关系加以详细说明。另附该已结题项目研究工作总结摘要（限 500 字）和相关成果的详细目录）。

……

（三）其他附件清单（附件材料复印后随纸质《申请书》一并上交）（随纸质申请书一同报送的附件清单，如：不具有高级专业技术职务、同时也不具有博士学位的申请人应提供的推荐信；在职研究生申请项目的导师同意函等。在导师的同意函中，需要说明申请项目与学位论文的关系，承担项目后的工作时间和条件保证等）。

签字和盖章页（此页自动生成，打印后签字盖章）。

申 请 人：……　　　　　　　　　　依托单位：中国农业科学院……研究所

项目名称：细菌种间群感信号……调控根际……分子机理研究

资助类别：面上项目　　　　　　　　亚类说明：

附注说明：

申请人承诺：

我保证申请书内容的真实性。如果获得资助，我将履行项目负责人职责，严格遵守国家自然科学基金委员会的有关规定，切实保证研究工作时间，认真开展工作，按时报送有关材料。若填报失实和违反规定，本人将承担全部责任。

签字：

项目组主要成员承诺：

我保证有关申报内容的真实性。如果获得资助，我将严格遵守国家自然科学基金委员会的有关规定，切实保证研究工作时间，加强合作、信息资源共享，认真开展工作，及时向项目负责人报送有关材料。若个人信息失实、执行项目中违反规定，本人将承担相关责任。

编号	姓 名	工作单位名称	每年工作时间（月）	签字
1	……	中国农业科学院……研究所	××	
2	……	中国农业科学院……研究所	××	
3	……	中国农业科学院……研究所	××	
4	……	中国农业科学院……研究所	××	
5	……	中国农业科学院……研究所	××	
6	……	中国农业科学院……研究所	××	
7	……	中国农业科学院……研究所	××	

依托单位及合作研究单位承诺：

已按填报说明对申请人的资格和申请书内容进行了审核。申请项目如获资助，我单位保证对研究计划实施所需要的人力、物力和工作时间等条件给予保障，严格遵守国家自然科学基金委员会有关规定，督促项目负责人和项目组成员以及本单位项目管理部门按照国家自然科学基金委员会的规定及时报送有关材料。

依托单位公章　　　　合作研究单位公章 1　　　　合作研究单位公章 2

5.3.2　国家自然科学基金重点项目

国家自然科学基金
申 请 书

资助类别：重点项目
亚类说明：
附注说明　作物重要……调控机制（C1304）
项目名称：……新……分子机理解析
申 请 者：……　电话：××
依托单位：中国农业科学院……研究所
通讯地址：……
邮政编码：××　单位电话：××
电子邮件：……
申报日期：20××年××月

国家自然科学基金委员会

基本信息

<table>
<tr><td rowspan="7">申请人信息</td><td>姓名</td><td>……</td><td>性别</td><td>男</td><td>出生 年月</td><td>19×年×月</td><td>民族</td><td>汉族</td></tr>
<tr><td>学位</td><td>博士</td><td>职称</td><td colspan="2">研究员</td><td colspan="2">每年工作时间（月）</td><td>××</td></tr>
<tr><td>电话</td><td colspan="2">××</td><td colspan="2">电子邮箱</td><td colspan="3">……</td></tr>
<tr><td>传真</td><td colspan="2">××</td><td colspan="2">国别或地区</td><td colspan="3">中国</td></tr>
<tr><td colspan="8">个人通讯地址 ……</td></tr>
<tr><td colspan="8">工作单位 中国农业科学院……研究所</td></tr>
<tr><td colspan="8">主要研究领域 ……</td></tr>
<tr><td rowspan="3">依托单位信息</td><td>名称</td><td colspan="7">中国农业科学院……研究所</td></tr>
<tr><td>联系人</td><td colspan="2">……</td><td colspan="2">电子邮箱</td><td colspan="3">……</td></tr>
<tr><td>电话</td><td colspan="2">××</td><td colspan="2">网站地址</td><td colspan="3">××</td></tr>
<tr><td rowspan="3">合作研究单位信息</td><td colspan="8">单位名称</td></tr>
<tr><td colspan="8"></td></tr>
<tr><td colspan="8"></td></tr>
<tr><td rowspan="8">项目基本信息</td><td>项目名称</td><td colspan="7">……新基因…………图位克隆、作用机制及分子机理解析</td></tr>
<tr><td>英文名称</td><td colspan="7">……</td></tr>
<tr><td>资助类别</td><td colspan="4">重点项目</td><td>亚类说明</td><td colspan="2"></td></tr>
<tr><td>附注说明</td><td colspan="7">作物重要……农艺性状形成与调控机制（C1304）</td></tr>
<tr><td>申请代码</td><td colspan="4">××××××</td><td colspan="3"></td></tr>
<tr><td>基地类别</td><td colspan="7">××</td></tr>
<tr><td>研究期限</td><td colspan="4">20××年××月—20××年××月</td><td>研究方向</td><td colspan="2"></td></tr>
<tr><td>申请经费</td><td colspan="7">××××万元</td></tr>
<tr><td colspan="3">中 文 关 键 词</td><td colspan="6">……</td></tr>
<tr><td colspan="3">英 文 关 键 词</td><td colspan="6">……</td></tr>
</table>

项目组主要参与者（注：项目组主要参与者不包括项目申请人）

编号	姓 名	出生年月	性别	职 称	学 位	单位名称	电话	电子邮箱	每年工作时间（月）
1	……	××	男	副研究员	博士	中国农业科学院……研究所	××	……	××
2	……	××	女	博士生	硕士	中国农业科学院……研究所	××	……	××
3	……	××	男	博士生	硕士	中国农业科学院……研究所	××	……	××
4	……	××	男	硕士生	学士	中国农业科学院……研究所	××	……	××
5	……	××	女	硕士生	学士	中国农业科学院……研究所	××	……	××
6	……	××	女	硕士生	学士	中国农业科学院……研究所	××	……	××
7	……	××	男	硕士生	学士	中国农业科学院……研究所	××	……	××

总人数	高级	中级	初级	博士后	博士生	硕士生
××	××	××	××	××	××	××

说明：高级、中级、初级、博士后、博士生、硕士生人员数由申请人负责填报（含申请人），总人数由各分项自动加和产生。

国家自然科学基金项目资金预算表

项目申请号/项目批准号：　　项目负责人：……　　金额单位：万元

序号	科目名称	金额
1	一、项目资金	××
2	（一）直接费用	××
3	1. 设备费	××
4	（1）设备购置费	××
5	（2）设备试制费	××
6	（3）设备改造与租赁费	××
7	2. 材料费	××
8	3. 测试化验加工费	××
9	4. 燃料动力费	××
10	5. 差旅费	××
11	6. 会议费	××
12	7. 国际合作与交流费	××
13	8. 出版/文献/信息传播/知识产权事务费	××
14	9. 劳务费	××
15	10. 专家咨询费	××
16	11. 其他支出	××
17	（二）间接费用	××
18	其中：绩效支出	××
19	二、自筹资金	××

预算说明书（定额补助）

（请按《国家自然科学基金项目资金预算表编制说明》中的要求，对各项支出的主要用途和测算理由及合作研究外拨资金、单价≥10万元的设备费等内容进行详细说明，可根据需要另加附页。）

本课题共申请××××万元直接费用和××万元间接费用用于支付课题实施过程中发生的与课题相关的各项费用，主要用途和测算理由具体说明如下：

1. 设备费××万元

主要对现有使用时间较长的小型仪器设备和试制设备的更新，包括在DNA，RNA提取过程中需频繁使用的PCR仪、低温冰箱，用于标记分析的电泳设备，用于模式植物和大豆遗传转化的组织培养箱以及已有仪器的维修费用。

（1）梯度PCR仪1台，××万元。

主要用于载体构建过程中……和启动子片段的扩增和检测等。课题原有的梯度

PCR 仪器于 20××年购置，由于设备老化，需要经常进行维修，因此需要购置 1 台梯度 PCR 仪。美国 Bio-rad 公司的 PTC-200 梯度 PCR 仪除具有标准 PCR 仪功能外，其梯度模块还能同时进行多达××个不同退火温度的 PCR 反应，在梯度模块上，可实现对梯度温度和梯度宽度等参数的调整，自由编程××道温度，梯度实现不同样品的退火温度并同时进行热循环。仅一次实验就能确定特定体系相应的最优退火温度。从而可在短时间内对 PCR 实验进行优化，大大提高 PCR 效率。

（2）植物组织培养箱 1 台，××万元。

……培养对光照和温度控制要求很高，国产培养箱或控温培养室由于控温和控湿方面的缺陷，是组织培养过程中产生凝结水及光照不良，造成……。美国 Percival 植物培养箱可对温度、湿度、光强度等进行精密控制，适用于遗传转化过程中组织培养过程，实验室原有设备不能满足需要，需添置 Percival 公司的植物组织培养箱 1 台，单价××万元。

（3）超低温冰箱 1 台，××万元。

主要用于用于……新材料样品、各种分子生物学试剂等的超低温保存。型号：MDF-U32VN，性能指标：温度范围：-50~86℃，制冷性能 86℃，有效容积 ××L，具备高低温、断电报警功能。单价××万元。

（4）电泳仪等其他小型仪器设备及设备维修费用××万元。

2. 材料费××万元

材料费的支出主要用于以下几个方面，测算依据为相关专业公司、代理商的报价及目前实验室定购的价格，结合课题研究内容和研究目标，主要包括分子生物学试剂、常规生化试剂以及实验室常用耗材等。

（1）分子生物学试剂××万元。

涉及到 DNA 提取、RNA 提取、反转录、PCR 扩增、片段回收、质粒提取、质粒纯化、酶切、连接、转化、筛选、Southern blotting、Northern blotting、定量 PCR、变性高效液相色谱等分子生物学操作，需要 DNA 提取试剂盒、DNA 片段回收试剂盒、RNA 制备试剂、DEPC、mRNA 纯化试剂盒、质粒的提取和纯化、cDNA 合成试剂盒、限制性内切酶、分子量 marker、Taq 酶、高保真酶、T-载体、连接酶磷酸化酶、T4 连接酶等试剂。

具体明细如下：

材料名称	规　格	计量单位	单价（元）	数　量	总价（万元）
普通 Taq 酶	1 000U	支	××	××	××
Ex Taq 酶	1 000U	支	××	××	××
KOD plus 酶	1 000U	支	××	××	××
SupperⅡ反转录酶	50 次反应	支	××	××	××

（续表）

材料名称	规　格	计量单位	单价（元）	数　量	总价（万元）
smart race cDNA Amplification 试剂盒	20 次反应	支	××	××	××
限制性内切酶	500~1 000U	支	××	××	××
T4 连接酶	250 次反应	支	××	××	××
修饰酶	50 次反应	支	××	××	××
……	……	……	××	××	××
	合计				××××

（2）常规生化试剂××万元。

主要用于实验室常规的实验操作，包括 DNA、RNA 提取、电泳、PCR 反应、细菌培养、转化等所需的常规生化试剂。

具体明细如下：

材料名称	规　格	计量单位	单价（元）	数　量	总价（万元）
DMSO	500ml	瓶	××	××	××
HEPES 缓冲液（GE）	500ml	瓶	××	××	××
Formaldehyde 甲醛	500ml	瓶	××	××	××
Glass beads，acid-washed 玻璃珠	500g	瓶	××	××	××
Mops	100g	瓶	××	××	××
NBT/BCIP	200ml	瓶	××	××	××
PH 标准液	500ml	瓶	××	××	××
PMSF	50g	瓶	××	××	××
PVP-40 聚乙烯吡咯烷酮	25g	瓶	××	××	××
冰乙酸	500ml	瓶	××	××	××
……	……	……	××	××	××
		合计		××	

（3）实验室常用耗材××万元。

主要用于购买分子生物学实验所需要的耗材，比如 PCR 扩增中需要、PCR 板、移液吸头和一次性离心管、组织培养用的一次性培养皿、三角瓶、一次性过滤器、封口膜等。

具体明细如下：

材料名称	规　格	计量单位	单价（元）	数　量	总价（万元）
玻璃培养皿	14cm，9cm，6cm	套	××	××	××
玻璃三角瓶	1 000ml,500ml,250ml,100ml，50ml	个	××	××	××
量筒、烧杯	100ml	个	××	××	××
一次性培养皿	10cm	箱	××	××	××
96 孔定量 PCR 板	96 孔	个	××	××	××
96 孔细菌培养板	96 孔	个	××	××	××
移液吸头	10ul、200ul、1ml 及 5ml	包	××	××	××
一次性 96 孔 PCR 板……	10 个……	包……	××	××	××
……	……	……	××	××	××
	合计				××

3. 测试化验加工费××万元

引物合成：包括用于载体构建引物、用于用于……扩增的引物、用于……表达分析的定量 PCR 引物等，共计××条。每个碱基××元，每条引物平均××bp，单价为××元/条引物，需支出××条××元/条=××万元。

序列测定：……克隆、载体构建、蛋白互作等过程中候选……序列验证及载体验证等需要完成××个反应的测序，每个反应××元，合计××反应××元/反应=××万元。

……表达的 RNA-Seq 测序及分析费：为了研究……的上下有调控关系，需要对 8 个材料通过 RNA-Seq 的方法研究……表达情况，每份材料设定××个重复，每个样品的测序及数据分析费××元，合计××万元。

单克隆抗体制备：通过 Western 的方法检测蛋白的表达，需要制备××个单克隆抗体。

每个单克隆抗体制备费用为××万元，制备××个抗体需××万元/个××个=××万元。分子标记分析：本课题约需要完成××份大豆样品的××个位点的标记分析，每个位点鉴定费用××元，约需××万元。

4. 燃料动力费××万元

电费：本课题研究单位使用温室、培养间面积为×× 平方米。温室内有制冷系统，生物灯等，××年用电量约为××度。每度电××元，总计需要电费为××万元。

水费：本课题研究单位使用实验室、温室面积××平方米。按照历史用水量，每年每平米实验室平均用水量××吨，每吨水××元计算，即每平方米每年水费为××元。总计水费为××万元。

5. 差旅费××万元

课题执行过程中平均每年 ××人次参加国内国内相关学术会议，与研究领域相关的同行进行工作交流，每人次××元，共计××万元/人次××人次/年××年=××万元。

课题执行期间参加学习培训和技术交流等共计××人次，每人次交通、住宿、伙食公杂费补助等费用合计××元，共计××人次××万元/人次=××万元。

6. 会议费××万元

课题计划组织中期评估和结题验收研讨会各××次，每次会议会期××天，参会包括专家、学生等大约为××人，每天人均××元，合计××万元/人天××人××天××次=××万元。

7. 国际合作与交流费××万元

项目组成员出国合作交流：共有××人次到美国和欧洲参加……、……、……等国际会议，每人次国际旅费××万元，出国××天住宿费补助、伙食费补助、公杂费补助等合计约××万元，××人次合计××万元/人次××人次=××万元。××人次去美国进行××个月的学习交流，国际旅费××万元，出国××天住宿费补助、伙食费补助、公杂费补助等合计约××万元，合计××万元。

境外专家来华合作交流：为提高项目内成员的理论和业务水平，更好的完成项目任务，拟邀请××位专家来华，就相关技术和研究内容就行交流培训。国际旅费为××万元/人××人次=××万元，在华时间××天左右，接待来访专家的住宿费和伙食餐饮费用合计约××元/天××天××人次=××万元。

8. 出版/文献/信息传播/知识产权事务费××万元

论文版面费：计划在国外期刊发表论文××篇，每篇××万元，预计支出××万元；

计划在国内期刊发表论文××篇，以每篇××万元计算，预计支出××万元；合计××万元。

专利检索及申请费：计划对××项左右的专利进行检索，通过检索情况对其中的一些专利进行申请，平均每项专利的检索及申请费用为××万元，预计支出××万元。

打印装订、邮寄等费用：项目申报、立项、启动、总结、验收及交流资料等文字材料的打印装订、邮寄以及种子等试验材料的邮寄等费用××万元。

软件购买费：包括生物信息学分析及处理软件、操作系统软件的使用费以及关联分析等专业数据分析软件等预计××万元。文献检索查询费用预计××万元。

9. 劳务费××万元

主要用于支付研究生、临时聘用人员的工资或补助。

在课题研究过程中，有××名博士研究生和××名硕士研究生参加课题的研究工作，

每人每年工作××个月，博士生每人每月××元；硕士生每人每月××元，五年预计支出××万元/人月××人××月××年+××万元/人月××人××月××年=××万元。

在课题研究过程中，计划每年聘用××名长期聘用人员进行大豆遗传转化及田间试验等工作。每年工作××个月，每月平均工资××元，预计支出××万元/人月××人××月××

年=××万元。

10. 专家咨询费××万元

在课题研究过程中支付给临时聘请的咨询专家的费用。

课题五年研究过程中计划聘请相关领域的专家参加课题咨询及技术指导××人次，每次××天，每人每天专家咨询费××元，共计××万元/人天××人次××天=××万元。计划聘请相关领域的专家开展通讯咨询××人次，每人次专家咨询费××元，共计××万元/人天××人次=××万元。

11. 其他费用

无。

12. 间接费用××万元

主要用于补偿依托单位为了项目研究提供的现有仪器设备及房屋，水、电、气、暖消耗，有关管理费用，以及绩效支出等。依照《国家自然科学基金资助项目资金管理办法》管理。

报告正文

（一）立项依据与研究内容（5 000~10 000字）：

1. 项目的立项依据（研究意义、国内外研究现状及发展动态分析，需结合科学研究发展趋势来论述科学意义；或结合国民经济和社会发展中迫切需要解决的关键科技问题来论述其应用前景。附主要参考文献目录）；

1.1　研究意义

……

1.2　国内外研究现状及发展动态

……

主要参考文献：

……

2. 项目的研究内容、研究目标，以及拟解决的关键科学问题

……

2.1　研究内容

……

2.1.1　调控……性状形成的……的图位克隆（已完成）

……

2.1.2　……的功能解析

……

2.1.3　……的分子调控机制研究

……

2.1.4　……性状与光合作用和产量的相关性分析

……

2.1.5 ……功能标记开发及标记辅助选择应用研究

……

2.2 研究目标

……与……相关的……，深入研究……的功能及其在……过程中的分子机理，为解析……分子调控机制奠定基础。利用所发掘的……，通过开发分子标记并鉴定标记的选择效率，为……提供理论基础。

2.3 拟解决的关键科学问题

（1）发现并鉴定调控……的关键……

……

（2）揭示……性状形成的分子调控机制。

……

3. 拟采取的研究方案及可行性分析（包括研究方法、技术路线、实验手段、关键技术等说明）；

3.1 技术路线

3.2 研究方法

3.2.1 ……性……的初定位及精细定位

……

3.2.2 ……的克隆与功能研究

……

3.2.3 ……的分子机理研究

……

3.2.4 ……含量的测定

……

3.2.5 ……效率的测定

……

3.2.6 ……的……多样性和进化研究

……

3.2.7 功能标记开发与不同位点间的相互作用研究

……

3.3 可行性分析

3.3.1 已有的研究成果为……的分子遗传学研究奠定了材料基础

申请人长期从事……，这就为本项目研究的开展奠定了良好的材料基础。

3.3.2 具有……和……鉴定的经验

申请人与美国……大学……博士合作，利用……，这些研究为……的功能和分子机理研究积累了经验。

3.3.3 依托的研究平台为项目的实施提供了良好的设施条件

本项目依托……。

4. 本项目的特色与创新之处

……

5. 年度研究计划及预期研究结果

（包括拟组织的重要学术交流活动、

国际合作与交流计划等）。

5.1　研究计划

20××年 1~12 月：构建含有……；对……的序列多样性进行分析，……材料。

20××年 1~12 月：在上一年度工作基础上，筛选获得……；分析……的进化机理。

20××年 1~12 月：在……材料和近等……系材料中鉴定……；通过……；鉴定……效率；阶段性工作总结。

20××年 1~12 月：通过转录组技术，鉴定……；利用不同……的相互关系。

20××年 1~12 月：对……进行深入的验证，明确……；研究功能标记在……；对项目各阶段成果进行总结归纳。

（二）研究基础与工作条件

1. 研究基础（与本项目相关的研究工作积累和已取得的研究工作成绩）

……

2. 工作条件（包括已具备的实验条件，尚缺少的实验条件和拟解决的途径，包括利用国家实验室、国家重点实验室和部门重点实验室等研究基地的计划与落实情况）

……

3. 正在承担的与本项目相关的科研项目情况

（申请人和项目组主要参与者正在承担的与本项目相关的科研项目情况，包括国家自然科学基金的项目和国家其他科技计划项目，要注明项目的名称和编号、经费来源、起止年月、与本项目的关系及负责的内容等）。

……

4. 完成国家自然科学基金项目情况

（对申请人负责的前一个已结题科学基金项目（项目名称及批准号）完成情况、后续研究进展及与本申请项目的关系加以详细说明。另附该已结题项目研究工作总结摘要和相关成果的详细目录）。

……

签字和盖章页（此页不用填写，签字、盖章后寄给申请部门综合处）

申 请 者：……　　　　　　　依托单位及所在院/系/所/实验室：* 研究所

项目名称：……新……及分子机理解析

资助类别：重点项目

附注说明：作物重要……调控机制（××）

申请者承诺：

我保证申请书内容的真实性。如果获得基金资助，我将履行项目负责人职责，严格遵守国家自然科学基金委员会的有关规定，切实保证研究工作时间，认真开展工作，按时报送有关材料。若填报失实和违反规定，本人将承担全部责任。

执行此项目期间，因无法预料的原因所产生的后果由本人自负（如健康状况、经济纠纷、损失等）

签字：

项目组主要成员承诺：

我保证有关申报内容的真实性。如果获得基金资助，我将严格遵守国家自然科学基金委员会的有关规定，切实保证研究工作时间，加强合作、信息资源共享，认真开展工作，及时向项目负责人报送有关材料。若个人信息失实、执行项目中违反规定，本人将承担相关责任。

编号	姓名	工作单位	证件号码	每年工作时间（月）	签字

依托单位及合作单位承诺：

已按填报说明对申请人的资格和申请书内容进行了审核。申请项目如获资助，我单位保证对研究计划实施所需要的人力、物力和工作时间等条件给予保障，严格遵守国家自然科学基金委员会有关规定，督促项目负责人和项目组成员以及本单位项目管理部门按照国家自然科学基金委员会的规定及时报送有关材料。

依托单位公章　　合作单位公章 1　　合作单位公章 2

日期：　　日期：　　日期：

5.3.3　国家自然科学基金重大仪器专项

国家重大科研仪器设备
研制专项申请书

项目名称：……
资助经费：×××× 万元
执行年限：××××年××月—××××年××月
负 责 人：……
通讯地址：……
邮政编码：××××××　电话：××××××　　手机：××××××
负责人电子邮件：……
依托单位：……
报送科学部：……
联系人：……　　电话：　××××××　　手机：　××××××
联系人电子邮件：……

20××年××月

报告正文

(一) 立项依据

1. 研制设备的重要性和必要性

论述研制的仪器设备拟解决的重要科学和技术问题，同类仪器设备的国内外研究现状和发展趋势。

1.1 研制的仪器设备拟解决的重要科学和技术问题

1.1.1 研制的仪器设备拟解决的重要科学问题

本项目研制的……，为解决农产品……关键科研仪器设备。

1.1.2 拟解决的重要技术问题

农产品污染物……检测已经成为……重大需求，是保障“舌尖上的安全”的有力抓手。针对……发生规律科学研究的重大共性需求，本项目拟解决如下重要技术问题：

……

1.2 同类仪器设备的国内外研究现状和发展趋势

目前国内外……原理检测的现有相关仪器主要包括：酶标仪、免疫荧光专用仪和化学发光仪等。

……

1.2.3 同类仪器知识产权分析

……

参考文献

……

2. 研制内容与方案

仪器设备的设计思想、总体结构、技术性能与主要技术指标；预期的科学目标和应用目标；可购置或集成的部分，技术路线及设计图，关键核心技术和解决方案，配套部件解决方案，质量保证，技术风险与不确定性分析、应对措施。

2.1 仪器设备设计思想、总体结构、技术性能与主要技术指标

2.1.1 ……设计思想

……

2.1.2 科研仪器总体结构

……

2.1.3 技术性能与主要技术指标

……

2.2 预期科学目标和应用目标

2.2.1 科学目标

……

2.2.2 应用目标

……

2.3　可购置或集成的部分，技术路线及设计图，关键核心技术和解决方案，质量保证，技术风险与不确定性分析、应对措施。

2.3.1　仪器设备可购置或集成的部分

本项目研制……主要部件为自主研制。

2.3.2　项目技术路线与设计图

项目总体技术路线如图所示。

项目研究内容包括××部分：……传感器件研制、……、……、……部件的研制和软件模块的研制。

2.3.3　关键核心技术和解决方案

……

2.3.4　配套部件解决方案

……

2.3.5　质量保证

……

2.3.6　技术风险与不确定性分析、应对措施

……

3. 拟解决的关键科学和技术问题（特点、难点及创新）

仪器设备研发的原理创新、技术创新，独到的设计思想等。拟重点攻克的主要部分，拟解决的关键问题。

3.1　研制科学仪器的特色与创新点

（1）采用……检测。

（2）采用……高通量检测。

（3）通过免疫化学发光和……同步检测。

3.2　拟解决的关键技术问题

（1）……检测技术问题：……

（2）……检测技术问题：……

（3）……检测技术问题：……

4. 方案可行性分析。

（1）技术路线可行。……

（2）材料与方法可行：……

（3）有研究手段与条件保障：研究团队依托……；申请单位建有……，并保证优先满足本项目实施需要，为项目的顺利实施与圆满完成提供了硬件基础和条件保障。

（4）有人才队伍保障：项目团队拥有一支专业、职称、年龄、学位结构合理，……。

综合上述分析，……研制实施方案是可行的。

（二）研制基础及条件

1. 工作基础

理论基础、关键技术及已有技术，国内外可供利用的技术资源，人才队伍状况，组

织实施能力，包括资源整合模式与机制、组织管理体制等。

……

2. 工作条件

实验场地、实验环境、公用配套设施、研究人员的时间保证以及依托单位的配套措施与政策支持等。

本项目研究重点依托……等科技平台。……

3. 预期成果和验收技术指标

预期结果及验收指标与方案，应用目标考核指标等。

预期项目完成后研制出……，满足……

具体考核指标如下。

（1）……考核指标：……

（2）……考核指标：……

（3）……同步检测：一次可检测……不同种类……个组分；

（4）仪器重复性指标：同一批次内的样品测试误差小于××%，不同批次间误差小于××%，……；

（5）申报或获得国家（或国际）专利××项，国际专利××项；

（6）发表研究论文、著作××篇以上；

（7）应用考核指标：……应用……，应用点次不少于××点次，有效数据不低于××个；

（8）培训技术人员××人次以上，培养科研骨干××名，培养博、硕士研究生×× 名。

4. 年度研制计划

年度计划，项目中期检查的阶段性目标。

（1）年度计划

20××. 01—20××. 12

……

20××. 01—20××. 12

……

20××. 01—20××. 12

……

20××. 01—20××. 12

……

20××. 01—20××. 12

……

（2）项目中期检查的阶段性目标

……

5. 承担科研项目情况

申请人和项目组主要参与者正在承担的科研项目情况，要注明项目的名称和编号、经费来源、起止年月、与本项目的关系及负责的内容等。

……

（三）项目实施管理和保障措施

运行管理模式，风险控制及知识产权保护。

1. 运行管理模式

（1）目标责任管理：……

（2）目标导向管理：……

（3）实行项目咨询制和监理管理。

（4）实行主管部门领导下的牵头单位法人负责制，成立项目管理工作组和技术专家组，强化项目过程管理，对项目技术开发和成果应用提供咨询。

2. 风险控制

……

3. 知识产权保护

……

（四）其他需要说明的问题

此项无。

预算说明书（成本补偿）

（请按《国家自然科学基金项目资金预算表编制说明》中的要求，对各支出项目进行详细的说明，并提供相关支撑性说明文件，以便预算评审专家科学合理核定项目预算额。预算说明应包括各支出项目的主要用途、测算过程、测算依据等；有合作研究外拨资金的，对于合作单位的各支出项目需做详细说明。支撑性说明文件扫描后作为附件一并上传提交，可根据需要另加附页。）

项目预算

本项目预算直接经费××××万元，支出预算分为项目总预算和研究任务子预算。

总项目预算

科目名称	金　额
一、项目直接费用	××
1. 设备费	××
（1）设备购置费	××
（2）设备试制费	××
（3）设备改造与租赁费	××
2. 材料费	××
3. 测试化验加工费	××
4. 燃料动力费	××
5. 差旅费/会议费/国际合作与交流费	××
6. 出版/文献/信息传播/知识产权事务费	××

（续表）

科目名称	金　额
7. 劳务费	××
8. 专家咨询费	××
9. 其他支出	××
二、自筹资金	××

本项目本项目申请单位为：中国农业科学院……所，合作研究单位为：……大学。根据项目任务，各单位预算如下。项目实施过程中，依托单位按照预算和合同转拨合作研究单位资金。

单位名称		直接经费（万元）
申请单位	中国农业科学院……所	××××
合作研究单位	……大学	××××

1. 设备费：支出预算××万元

用于……研制过程中，购置或试制专用仪器设备，对现有仪器设备进行升级改造，以及租赁外单位仪器设备的费用。

（1）设备购置费，支出预算××万元。

用于……研制过程中，购置或试制专用仪器设备，对现有仪器设备进行升级改造，以及租赁外单位仪器设备的费用。

为了节约社会资源、降低项目执行成本、提高设备使用效率，执行项目过程中主要利用现有仪器设备平台。现有仪器设备基本能满足本项目执行需要，所购置的设备为项目共享使用。

①高效过滤器支出预算××台套××万元：由于……大学……中心暂无高效过滤器，按照项目需求，须使用20平米超净空间，按照标准配置，须购置二套高效过滤器，用于空气的高效过滤和净化。经……公司询价，单台套MW-V-H557高效过滤器价格为××万元，××台套支出预算××万元。

②组合式净化空调机组××台套××万元：对超净间的空气进行净化处理，消除空气中的悬浮粒子，并且调节流入超净间空气的温度和湿度。……大学……中心暂无组合式净化空调机组，因此本项目须购置一台套。经……公司询价，YJ-875/B组合式净化空调机组支出预算××万元。

③单道移液器支出预算××套××万元：……。

④多通道移液器支出预算××台××万元：为了避免……，保证实验数据准确有效，共需××套，第一套专门用于标准样品、标准溶液配制、稀释与加标回收等，第二套专门用于……样品移取，第三套专门用于项目执行后××年外出在……应用研究，第……套专门用于……。根据样品取样量不同，每套需配置××种量程规格（……和……μL）。

市场调查结果表明，……产 Eppendorf（……和……μL）Research plus12 道移液器单价××元/支（……有限公司报价），具有较高性价比。支出预算××元/支××套××种规格=××万元。

⑤旋转蒸发仪支出预算××台套××万元：……。

⑥冰柜支出预算××台套××万元：……。

⑦冰箱支出预算××台套××万元：……。

⑧科研用计算机支出预算××台套××万元：……。

⑨液氮罐支出预算××万元：……。

……支出预算××万元：……。

以上××项设备购置费支出预算小计：××万元。

（2）试制设备费，支出预算××万元。

①……装调装置：……研制组装时，需要一些专用于装调装置，目前没有现成的商品化仪器，需要自己进行试制。装调装置包含如下部件：高稳定性激光器（××万元）、……、……，以及其他小部件（××万元），精密机械件加工费××万元。支出预算××万元。

②精密光学器件组装拼接调试装置：本项目设计精密光学器件，一些光学器件需要由基本器件组合拼接而成，因此需要一套专用的装调装置。目前没有现成的商品仪器，需要试制。该套装置包含以下部件：压电陶瓷（××万）、……，其他小部件（××万）。支出预算××万元。

以上 2 项试制设备费支出预算：××万元。

设备费总支出预算××万元。

2. 材料费：支出预算××万元

用于……研制过程中，消耗的各种原材料、辅助材料等低值易耗品的采购及运输、装卸、整理等费用。

（1）研制……元器件所需光学、辅助、特殊耗材等，支出预算××万元。

①高性能光电倍增管，支出预算××万元

材　料	生产商	单价/元	单　位	数　量	总额/万元
光电倍增管	……公司	××	个	××	××
……器	……公司	××	个	××	××
合计					××

a. 光电倍增管：采用……的制冷型高灵敏度光电倍增管，光电倍增管零售单套价格为××万元/个，支出预算××万元/个××个=××万元。

b. ……器：……

②……数字微镜系统，支出预算××万元

材　料	生产商	单价/元	单　位	数　量	总额/万元
DMD 芯片 DLP7000	……公司	××	片	××	××
DMD 芯片 DLP7000UV	……公司	××	片	××	××
……	……公司	××	套	××	××
合计					××

DMD 芯片……：本项目研制按照设计方案分为三个阶段，桌面试验样机××台，原理样机×× 台，工程样机××台，至少需 DMD 芯片××片，考虑到在项研发阶段有可能发生××次制版，有所损耗，采购也有一定的周期，为保障进度，DMD 相关芯片和备件我们按照××套进行备货，目前 DMD 芯片 DLP7000 零售单片价格××万元，计××万元/片××片=××万元。

……芯片……：由于在可见光波段的分析，环境光等会产生一定的干扰，我们希望尝试在紫外波段进行一个探索研究，因此，采购××片，单价××万元/片××片=×× 万元。

……

……数字微镜系统小计：××万元。

③光学材料，支出预算××万元。

材　料	生产商	单价/元	单　位	数　量	总额/万元
高精度滤光片	……公司	××	片	××	××
透镜组	……公司	××	个	××	××
……	……公司	××	个	××	××
合计					××

高精度滤光片：对杂散光具有很高的滤除性能，本项目研制按照设计方案分为××个阶段，桌面试验样机×× 台，原理样机×× 台，工程样机×× 台，考虑到研制过程中会有损坏，需××片备用，共需××片，经……公司询价，每片××元。计××元/片××片=××万元。

透镜组：采用优质消相差石英透镜组，经……公司询价，国产价××元/个，每台仪器需要×× 组，××台样机计××元/个××××个=××万元。

……

光学材料支出预算小计：××万元。

④机电及结构件材料，支出预算××万元。

……

⑤电子元器件，支出预算××万元。

……

⑥粘合试剂等材料，支出预算××万元

……

（2）各种标准样品、原材料、辅助材料等低值易耗品，支出预算××万元。

①标准样品，支出预算××万元

a. 生物毒素类标准样品，支出预算××万元：用于研究需标准样品、抗原购置费支出。

序　号	项　目	生产厂商	规　格	单价/元	用　量	总价/万元	用　途
1	黄曲霉毒素 B1	……公司	××mg	××	××	××	用于液相色谱仪标准曲线的建立××mg；用于液相色谱-质谱标准曲线的建立××mg
××	××	××	××	××	××	××	××

b. ……残留类标准样品，支出预算×× 万元：……。

c. ……残留类标准样品，支出预算××万元：……。

d. ……类标准样品，支出预算××万元：……。

……

标准品支出预算小计：××万元。

②……研制及应用研究所需样品仪器配件、耗材和试剂，支出预算××万元。

……

3. 测试化验加工费：支出预算××万元

用于……研制过程中，支付给外单位（包括任务承担单位内部独立经济核算单位）的检验、测试、化验及加工、试验地租用等费用。

（1）精密光学结构件支撑装置加工费，支出预算××万元。本项目研制按照设计方案分为××个阶段，需要进行××次加工。

（2）机械传动精密部件加工费，支出预算××万元。……

（3）……内部结构零件部件加工费，支出预算××万元。……

4. 燃料动力费：支出预算××万元

用于……研制中，相关大型仪器设备、专用科学装置等运行发生的可以单独计量的水、电、气、燃料消耗费用等。

（1）电费，支出预算××万元，用于项目单独电表计量的仪器设备消耗电费。

①用于……制备所需超净间、恒温间设备单独计量正常运转电费，支出预算××万元。累计功率××kw（含××个初效空气过滤器××kw、××个中效空气过滤器××kw、××个高效空气过滤器……），平均每年运行××天（按运行××小时/天折算），每度电费按××元计，××年计算。支出预算××kw/h××天××小时/天××元/度××年＝××万元。

②用于标准样品、化学发光探针等试剂低温保存所需设备单独计量电费，支出预算××万元。……

（2）水费，支出预算××万元。

……

燃料动力费支出总预算：××万元

5. 差旅费/会议/国际合作与交流费：支出预算××万元。

差旅费用于……研制过程中开展科学实验（试验）、科学考察、业务调研、学术交流等所发生的外埠差旅费、市内交通费用等。支出预算计算如下。

（1）……研制差旅费，支出预算××万元。用……研制过程中布置试验、科学考察、学术交流、项目总结汇报等发生的本埠和外埠差旅费。按照项目实施方案，赴北京、……等省市进行关键部件试制加工。支出预算计算如下。

①赴上海、……等5省市……研究所进行光路整体设计考察和科学交流，出差××人次/年，每次××天，住宿费平均按××元/人/天计，伙食交通公杂补助费平均按××元/人/天计。××年计：××省市××人次＊（××+××）××天××年=××万元。

②赴天津、……等××省市……研究所进行自动化进样模块研制关键技术交流。出差××人次/年，每次××天，住宿费平均按××元/人/天计，伙食交通公杂补助费平均按××元/人/天计。××年计：××省市××人次＊（××+××）××天××年=××万元。

③……

（2）……免疫化学发光器件研制差旅费，支出预算××万元。

……

差旅费支出总预算：××万元。

6. 会议费：支出预算××万元

用于……研制过程中，为组织开展学术研讨、咨询以及协调任务等活动而发生的会议费用，主要用于项目启动、年度中期检查、年终总结、项目中期检查、项目预验收、项目验收等会议支出和技术培训与学术交流会议支出。包括会议房租费、伙食补助费和文件印刷费等。详细如下。

（1）项目启动会、年中研讨检查会、年终研讨总结会、预验收会议、验收会议，支出预算××万元。项目实施过程中，拟召开××次项目启动会、××次预验收会，××次验收会议，每年召开××次年中研讨检查会和××次年终研讨总结会议，计××次会议。每次会议为期××天，参会人员××人（项目主管领导××人、项目主持单位业务主管领导××人、××家项目单位计××人、其他项目专业技术人员等××人，）测算，按每人每天××元的标准（包括会议食宿、场地租赁、材料准备等费用）计算，××次会议××人××元/天××天=××万元。

（2）……关键仪器部件研制项目协调会，……

（3）……

会议费支出总预算：××万元。

7. 国际合作与交流费：支出预算××万元

用于……的研制内容与方案过程中，项目研究人员出国及外国专家来华工作的费用。

（1）……需国际合作交流费，支出预算××万元。

①……国家合作交流，支出预算××万元。拟邀请……专家××人来华合作交流，往返机票××元/人，伙食住宿费每天××元，其他杂费××元每天，来华合作交流××天，计××人××元+××人＊（××元+××元）××天 = ××万元。

安排××人次赴美国……大学学习和攻克……体系构建难题，往返机票××元/人，在美国平均时间××天/人次。在美国住宿费××美元/人·天，伙食费××美元/人·天，公杂费××美元/人·天（汇率按××元计），计××万元。

小计××万元+××万元=××万元。

②……发光传感器件研制国际合作交流，支出预算××万元。……

③……发光传感器件研制国际合作交流，支出经费××万元。……

……

（2）……研制国际合作交流，支出预算××万元。

……

（3）……

……

国际合作与交流支出总预算：××万元。

8. 出版/文献/信息传播/知识产权事务费：支出预算××万元

用于完成项目研究需要支付的出版费、资料费、专用软件购买费、文献检索费、网络通信费、专利申请及其他知识产权事务等费用。

（1）出版费，支出预算××万元。拟累计公开发表在国内核心期刊学术论文××篇，以其中国内权威、核心期刊论文每篇约××字，按发表文章平均费用××元/篇计算；国外 SCI、EI 等源刊论文××篇（每篇字符数约××单词数，××万字符数）发表版面费××元计算；小计：××万元。

（2）专利申请费，支出预算××万元。拟申请国际专利××项，拟选择代表性国家美国和欧盟国家进行专利保护，PCT 申请与代理费每项××元/项，进入两个国家的阶段申请与实审阶段每项××元/项；国际申请专利费共计××元/项，拟申报国内专利××项，申请与代理费××元/项。小计××万元。

（3）打印、复印费，支出预算××万元。主要用于任务研究所需复印、打印、装订资料及研究报告、评估数据报表和会议文件等打印、复印、装订费用，平均每份××元计，××份/年；应用研究报告、免费应用说明打印、复印、装订费用等每份约××元，每年约××份。小计：×× 万元。

（4）专用开发软件工具的购买，支出预算××万元。程序开发工具正版……Team Suite ××套××万元，用于软件……；正版……开发软件的高速图像处理与传输的 IP 核，××万元。……设计软件，主要用于……结构的设计，单价××万元，……光学设计软件，用于光路的设计，提高光学设计的精准性，单套价格××万元；……。以上××种软件对本项目的顺利开展具有重要的作用，可以大大提高开发的效率和准确性。小计××万元。

出版费等支出总预算：××万元。

9. 劳务费：支出预算××万元

用于项目研究开发过程中支付给项目组成员中没有工资性收入的相关人员（如在校研究生）和项目组临时聘用人员等的劳务性费用。

（1）……传感器件研制劳务费，支出预算××万元

①……传感器件研制劳务费，支出预算××万元。拟安排××名博士后和×× 名硕士研究生参加本研究工作，××名博士后参与……发光检测技术的研究，×× 名硕士研究生将参与传感器件组装工作。按照……院对研究生补贴规定的标准，硕士硕士生××元/月，预计每人工作××年；博士生后××元/ 月，预计工作××个月，小计××万元。

②动物房管理、微生物培养及筛选专技临时聘用人员劳务费，支出预算××万元。开展……研制工作，也需对动物房管理、微生物进行培养和筛选。平均每年聘请××人主要从事动物房管理和多种致病微生物的培养工作及培养间的消毒、清洁和看护工作，每年共工作××个月，按照××元/月标准（包括保险等费用）；××人××元××月××年 = ××万元。

③……传感器件研究劳务费，支出预算××万元。

……

小计：××万元。

（2）……成像仪劳务费，支出预算××万元

……

10. 专家咨询费：支出预算××万元。

用于……研制过程中支付给临时聘请咨询专家的费用。

（1）……识别元件和……体系研究专家咨询费，支出预算××万元。为推进项目的顺利开展，针对……传感器件研过程中需面临和解决关键难题，拟聘请……等国内本领域权威专家开展验证和咨询会。共××次，会议临时聘请高级专业技术职称专家××人，会期××天，按高级职称××元/人/天算；小计：××万元。

（2）……

……

专家咨询费支出总预算：××万元。

11. 其他支出

……

合作研究资金预算明细表（成本补偿）

项目申请号/项目批准号：XXXXXXXX　　　　项目负责人：　　　　金额单位：万元

填表说明：1. 单位类型：A. 高校　B. 科研院所　C. 其他。

2. 本表仅填报基金资助资金。

序　号	合作研究单位名称	是否为已注册依托单位	单位类型	任务分工	研究任务负责人	承担直接费用金额	占总金额比例	是否已签订合作协议
	（1）	（2）	（3）	（4）	（5）	（6）	（7）	（8）
1								
2								
3								
4								
5								
累计								/

备注：

设备费—设备购置/试制预算明细表（成本补偿）

项目申请号/项目批准号：　　　　项目负责人：　　　　金额单位：万元

填表说明：1. 设备分类代码：A 购置、B 试制。

2. 试制设备不需填列本表（66）列、（77）列。

3. 单价超过 1 100 万元（含 1 100 万元）的设备需填写明细，单价低于 1 100 万元的设备只需填写合计数。

4. 单价超过 1 100 万元（含 1 100 万元）的购置/试制设备建议提供至少两家报价单等材料，并将扫描件作为附件一并上传，供预算评审专家参考使用。

5. 本表仅填报基金资助资金。

序号	设备名称	设备分类	单价（万元/台件）	数量（台件）	金额	购置设备型号	购置设备生产国别与地区	主要技术性能指标	用途（与研究任务的关系）
	（1）	（2）	（3）	（4）	（5）＝（3）*（4）	（6）	（7）	（8）	（9）
1	XXXXX 系统	购置		××	××	……	……国	……	用于……；与……系统进行比较和验证
2									
3									
单价 10 万元以上购置设备合计		/	/	××	××	/	/	/	/
单价 10 万元以下购置设备合计		/	/	××	××	/	/	/	/
单价 10 万元以上试制设备合计		/	/	××	××	/	/	/	/
单价 10 万元以下试制设备合计		/	/	×××	××	/	/	/	/
累计		/	/	××	××××	/	/	/	/

备注：

测试化验加工费预算明细表（成本补偿）

项目申请号/项目批准号：XXXXXXXX　　　　项目负责人：　　　　金额单位：万元

填表说明：1. 量大及价高测试化验，是指项目研究过程中需测试化验加工的数量过多或单位价格较高、总费用在 1100 万元及以上的测试化验加工，需填写明细。

2. 本表仅填报基金资助资金。

序　号	测试化验加工内容	测试化验加工单位	计量单位	单价 （元/单位数量）	数量	金额
	（1）	（2）	（3）	（4）	（5）	（6）＝（4）*（5）÷11 万
1						
2						
3						
4						
5						
6						
7						
8						
9						
10						
量大及价高测试化验费合计		/	/	/	/	
其他测试化验费合计		/	/	/	/	
累计		/	/	/	/	

备注：

劳务费预算明细表（成本补偿）

项目申请号/项目批准号：XXXXXXXX　　项目负责人：　　金额单位：万元

填表说明：1. 人员分类代码：A. 在校硕士研究生 B. 在校博士研究生 C. 博士后 D. 访问学者 E. 项目聘用研究人员 F. 科研辅助人员。

2. 请在备注中说明劳务费支出标准依据。

3. 本表仅填报基金资助资金。

序　号	人员分类	发放人数	承担的主要工作任务	投入本项目的总工作时间（人月）	支出标准（元/人月）	金额
	（1）	（2）	（3）	（4）	（5）	（6）＝（4）＊（5）÷1万
1	在校硕士研究生	××		××	××	××
2	在校博士研究生	××		××	××	××
3	项目聘用研究人员	××		××	××	××
4	项目聘用研究人员	××		××	××	××
5						
6						
7						
8						
累计		××		××		××

备注：

5.3.4　国家自然科学基金国际合作与交流项目

国家自然科学基金
国际（地区）合作与
交流项目申请书
（组织间合作研究—NSFC-CGIAR 项目（国际组织））

项目名称：……的遗传调控网络及育种利用
合作国别（地区，国际组织）：……
合作起止日期：20××年××月××日至 20××年××月××日
项目申请人：……　　　　　　　　申请日期：20××年××月××日
依托单位：……院……研究所　实验室名称：……
通讯地址：……邮政编码：××
联系电话：×× 传真：××
Email：……
依托基金项目编号：××××××
依托基金项目名称：……的调控网络及其高产育种应用
依托基金项目主持人：……
科研处电话：××　　　　　　　Email：……

国家自然科学基金委员会国际合作局制

一、简表

<table>
<tr><td rowspan="5">研究项目</td><td colspan="2" rowspan="2">名称</td><td>中文</td><td colspan="5">……的遗传调控网络及育种利用</td></tr>
<tr><td>英文</td><td colspan="5">The regulation of……and its utilization</td></tr>
<tr><td colspan="2">申报学科 1</td><td colspan="2">C130401. 稻类作物种质资源与遗传育种</td><td colspan="2">申报学科 2</td><td colspan="2">C1306. 作物分子育种</td></tr>
<tr><td>申请经费</td><td>××万元</td><td colspan="2">起始日期</td><td>20××</td><td>结题日期</td><td colspan="2">20××</td></tr>
<tr><td>所用实验室</td><td colspan="7"></td></tr>
<tr><td rowspan="4">研究内容和意见</td><td colspan="8">中文摘要（限 400 字）：
……，我们利用业已挖掘的水稻……高光效相关种质资源及鉴定的 QTL……和近等基因……系材料，开展……的遗传调控机理研究。结合中国-IRRI……完成测序的……进行关联分析和鉴定，挖掘……高光效相关基因的有利等位基因……，开展……高光效相关基因的分子设计育种研究</td></tr>
<tr><td colspan="8">英文摘要（限 3 000 字符）：
……</td></tr>
<tr><td>中文主题词</td><td colspan="7">光合作用；早衰……；水稻……；基因……；分子育种</td></tr>
<tr><td>英文主题词</td><td colspan="7">Photosynthesis；senescence……；rice；……；gene……；molecular design</td></tr>
<tr><td rowspan="4">申请者</td><td>姓名</td><td>……</td><td>性别</td><td>男</td><td>出生日期</td><td>19×年×月</td><td>民族</td><td>汉族</td></tr>
<tr><td>拼音</td><td>……</td><td>证件类别</td><td>……</td><td>证件号码</td><td colspan="3">××</td></tr>
<tr><td>最高学位</td><td>博士</td><td>授予国别（地区）</td><td>中国</td><td>授予年份</td><td>××</td><td colspan="2">博士</td></tr>
<tr><td>职称</td><td colspan="3">研究员</td><td>行政职务</td><td colspan="3"></td></tr>
<tr><td rowspan="7">项目组其他成员</td><td rowspan="7">主要成员（不包含申请者）</td><td>姓名</td><td>证件号码</td><td>专业技术职务</td><td>所在单位名</td><td colspan="3">分工</td></tr>
<tr><td>……</td><td>××</td><td>副教授</td><td>……大学</td><td colspan="3">……克隆</td></tr>
<tr><td>……</td><td>××</td><td>副研究员</td><td>……研究所</td><td colspan="3">种质鉴定×……</td></tr>
<tr><td>……</td><td>××</td><td>博士后</td><td>……研究所</td><td colspan="3">……</td></tr>
<tr><td>……</td><td>××</td><td>……</td><td>……研究所</td><td colspan="3">……</td></tr>
<tr><td></td><td></td><td></td><td></td><td colspan="3"></td></tr>
<tr><td></td><td></td><td></td><td></td><td colspan="3"></td></tr>
<tr><td>总人数</td><td>高级</td><td>中级</td><td>初级</td><td>博士后</td><td>博士生</td><td>硕士生</td><td colspan="2">参加单位数</td></tr>
<tr><td>××</td><td>××</td><td>××</td><td>××</td><td>××</td><td>××</td><td>××</td><td colspan="2">××</td></tr>
<tr><td rowspan="2">国内合作研究单位</td><td colspan="8">单位名称</td></tr>
<tr><td colspan="8">……研究所大学</td></tr>
<tr><td colspan="9">申请人和主要参与者开展国际合作工作的情况；正在承担的其他国家级项目，在国际及我国重要机构中承担的职务（写明国家计划名称、项目名称、起止年月、负责或参加等情况）：</td></tr>
</table>

境外合作人员

<table>
<tr><td>英文姓名</td><td>……</td><td>性别</td><td>男</td><td>出生年月</td><td>××</td><td></td></tr>
<tr><td>中文姓名</td><td>最高学位</td><td>博士</td><td>授予国别（地区）</td><td>……</td><td>授予年份</td><td>××</td></tr>
<tr><td colspan="2">专业技术职称</td><td colspan="2">研究员</td><td colspan="2">行政职务</td><td>……</td></tr>
<tr><td>专业领域</td><td colspan="6">……</td></tr>
<tr><td colspan="2" rowspan="2"></td><td colspan="2">中文</td><td colspan="3">……研究所</td></tr>
<tr><td colspan="2">英文</td><td colspan="3">……Institute</td></tr>
<tr><td colspan="2" rowspan="3">通讯地址</td><td colspan="3" rowspan="3">……</td><td>电话</td><td>××</td></tr>
<tr><td>传真</td><td></td></tr>
<tr><td>电子邮箱</td><td>……</td></tr>
</table>

合作者学术背景介绍及合作方机构介绍：

Name：……

Current position and affiliation：……

Profile：……

Employment：

……

……

Education：

……

国家自然科学基金项目资金预算表

项目申请号/项目批准号：××××　项目负责人：……　金额单位：万元

序　号	科目名称	金额
1	一、项目资金	××
2	（一）直接费用	××
3	1. 设备费	××
4	（1）设备购置费	××
5	（2）设备试制费	××
6	（3）设备改造与租赁费	××
7	2. 材料费	××
8	3. 测试化验加工费	××
9	4. 燃料动力费	××
10	5. 差旅费	××
11	6. 会议费	××

（续表）

序　号	科目名称	金额
12	7. 国际合作与交流费	××
13	8. 出版/文献/信息传播/知识产权事务费	××
14	9. 劳务费	××
15	10. 专家咨询费	××
16	11. 其他支出	××
17	（二）间接费用	××
18	其中：绩效支出	××
19	二、自筹资金	××

预算说明书（定额补助）

（请按《国家自然科学基金项目资金预算表编制说明》中的要求，对各项支出的主要用途和测算理由及合作研究外拨资金、单价≥10万元的设备费等内容进行详细说明，可根据需要另加附页。）

本项目申请直接经费××万元。各科目支出用途与项目研究相关性及必要性说明如下：

一、直接费用

××万元。主要用于科研业务费、实验材料费和小型仪器设备（配件）费等。

1. 设备费：××万元，主要用于现有小型仪器零配件的更新

完成本申请项目的研究需要对……筛选，进行大量的DNA扩增所需PCR，……、……鉴定，需要增加工作规模，因此可能涉及5万元以下的设备：

其他仪器设备如核酸电泳仪、电热恒温水槽、组织粉碎仪、烘箱、光合作用测定仪、等常规专用实验设备及购买已有小型仪器的零配件，以用于补充必要的研究专用设备××万元。

2. 材料费，××万元。

主要包括：

（1）各种试剂盒、……、工具酶、琼脂糖、载体等，预算××万元。

（2）常规化学药剂：……、牛肉膏、十二烷基肌氨钠、石蜡油、液氮、……等，预算××万元。

（3）……

（4）其他：……田间农资及耗材。主要用于……、海南等地材料种植的田间农资费用和其他耗材，包括防鸟网、肥料、隔离布、……以及其他田间材料，预算××万元。

3. 测试化验加工费，××万元

包括……的测序、……、……、分子育种……、……产量品质及其他理化指标的测定。主要包括：

（1）为保证完成××个与……的克隆，需要对相关……分析。按定位至×× kb 的区间预计，……大量普通品种，预计共需××个测序反应，每个反应××元，预算共计需××万元。

（2）利用芯片分析表达调控网络，××份材料按××个不同时期，××次重复计算，预计需要……片×× 张。每张按××元计算，预算共需××万元。

（3）……

4. 燃料动力费：××万元

（1）电费：××万元。用于本课题研发过程中包括实验室、温室（包括人工气候室）及田间灌水三部分。A. 本项目研发所用实验室仪器包括：离心机、超低温冰箱……等仪器。B. 人工气候箱、温室及组织培养室所需电力：主要用于……繁殖等。C. 水稻试验田灌溉水电费……。

（2）水费：××万元。包括实验仪器用水和温室灌溉用水。实验使用的耗水仪器包括：组织培养、……等设备。

（3）燃料费：××万元。主要包括往返基地运送实验材料的汽油费用，实验田耕地、耙地等农机具燃油费用等。

5. 差旅费：××万元

主要往来……试验基地交通费用、食宿补贴费等。每年按××万元计算，××年共计××万元。

6. 会议费：××万元

主要包括参加国外内学术交流食宿、注册费，××人次，××元每次，计××万元。

7. 国际合作与交流费：××元

（1）派遣××人次到……开展合作研究，包括往返机票、城市交通费、住宿费用、伙食补助、公杂费补助等，预算共需××万元。

（2）邀请……科学家来实验室进行学术交流，包括国际机票往返、城市交通费、住宿费用、伙食补助、公杂费补助等，预算需××万元。

（3）在华举办国际学术会议费，初步预算××万元。

8. 出版/文献/信息传播/知识产权事务费：××万元

主要用于版面费、专利申请、网络等信息传播费等。

9. 劳务费：××万元，主要用于研究生补贴

用于支付参加该课题研究工作的博士研究生 ××人，硕士研究生××人的劳务费，一般临时用工××人，每年支出××万元，××年合计需要××万元。

10. 专家咨询费：××万元

邀请国内专家××，给相关研究提供技术指导，计××万元。

11. 其他支出：××万元

主要用于实验材料及群体在……基地和……基地试验田间管理费等。

项目说明书

……的遗传调控网络及育种利用

（一）立项依据

……

（二）合作研究内容及合作研究方案

1. 研究目标、内容及拟解决的关键问题

研究目标：……

研究内容：(1) ……的遗传调控：……

(2) 叶片……的遗传调控网络解析：……

(3) ……的挖掘：……

(4) GP 数据库构建：……

(5) 分子设计定向聚合：……

拟解决的关键问题：……

2. 拟采取的研究方案、技术路线及可行性分析

研究方案：

利用业已鉴定的……种质资源……，借助……技术完成……的分离及功能互补，开展……遗传调控网络研究；利用……关联分析技术，挖掘……；分析……聚合系，……群体，建立……数据库。通过分子设计……高光效分子设计育种，在中国和……分别开展……等产量相关性状分析及环境适应性比较。

3. 合作方式、课题设置、研究重点及双方分工

合作方式：

中方在……基础研究及分子设计育种方面有着较好的基础，……在……种质资源上更为突出。双方在基础研究及资源……优势互补，在……分析方面开展技术交流和人员培训。便于更广泛地挖掘和应用……资源，为……分子设计育种提供科学依据。

课题设置及研究重点：

中方：在业已完成的……定位的基础上，开展……的克隆及其遗传调控网络研究；利用……，进行……剖析；鉴定……，开展……分子设计育种。

合作方：系统分析和考察……份重测序材料的……相关的主要农艺性状，开展……技术；系统分析和鉴定……；开展……比较，建立…… 数据库。

双方分工：

中方

20××年××月—20××年××月

1）通过……的手段分离……，并通过……明确其遗传差异；

2）利用……材料，配制……精细定位群体；

3）……

……

20××年××月—20××年××月

1）明确……的结构，构建……功能研究表达载体；

2）精细定位……；

3）结合分子标记辅助选择继续将新鉴定的……主栽品种；

4）……

……

20××年××月—20××年××月

1）利用……表达谱分析，并开展组织切片分析和亚细胞定位等。

2）分离……，通过测序及序列比对明确其遗传差异；

3）利用从……引进的重测序材料，鉴定……；

4）……

……

20××年××月—20××年××月

1）明确……，构建功能互补载体及相关功能研究表达载体；

2）利用……表达谱分析，并开展组织切片分析和亚细胞定位等。

3）利用已构建的……换系群体，开展……遗传调控网络分析；

4）……

……

20××年××月—20××年××月

1）继续开展……聚合，阐述……互作，强化……分子聚合；

2）开展……相关性状分析及环境适应性比较，……

3）建立一套……数据库；

4）……

……

合作方（……）

20××年××月—20××年××月

1）分析……份重测序材料，鉴定……；

2）系统调查……份……种质……相关性状在……的表现；

3）……

……

20××年××月—20××年××月

1）进一步构建……种质资源导入系；

2）检测……资源的……等位性。

20××年××月—20××年××月

1）系统分析……效应，明确……相关性状之间的遗传互作；

2）分析……份重测序材料，鉴定……；

3）构建……导入系。

4）……

……

20××年××月—20××年××月

1）系统分析……与其他产量相关性状的遗传关联；

2）分子聚合……。

20××年××月—20××年××月

1）总结……相关研究，发表相关论文××篇。

2）参加在中国举办……国际会议。

4. 双方合作网络交流计划

20××—20××年，中方和……将利用双方的种质资源及其替换系材料，不定期地进行材料、鉴定检测技术的交流，共同参与……的选育和鉴定。

中方：

20××年××月—20××年××月

中方科学家将赴……，进行……的交流和……的交流。

20××年××月—20××年××月

所有中方科学家将参加在中国举办……小型国际研讨会。参观田间的分子聚合株系，并进行材料和技术交流。

20××年××月—20××年××月

所有中方科学家将参加在中国举办……双边国际会议。参观田间的分子聚合株系，并进行材料和技术交流。

合作方（……）

20××年××月—20××年××月

所有合作方科学家将分××次参观中国的实验室和……株系，并进行材料和技术交流。

20××年 1 月—20××年××月

所有合作方科学家将参加在中国的……小型国际研讨会，并作大会报告。参观实验室和田间的突变体株系，并进行材料和技术交流。

20××年××月—20××年××月

所有合作方科学家将举办和参加在中国举办……双边国际会议。参观田间的分子聚合株系，并进行材料和技术交流。

（三）合作基础

1. 双方优势、特色所在、与本项目有关的研究工作积累和已取得的研究工作成绩

（1）双方优势与特色

中方：……

合作方（……）：……

（2）与本项目有关的研究工作积累和已取得的研究工作成绩

a. 合作研究基础扎实：我们与合作方（……）在……方面有着长期的合作关系，长期以来，……双方围绕……资源交流、生理与育种、……病虫害防治等领域已进行了一些合作和交流。已用于调控……形态和生理性状……，并取得了很大进展。双方已建

立了……研究中心。

b. 技术方法可行：本实验室具备完备的分子生物学实验硬件条件及成熟的技术支撑，研究组成员都有扎实的理论基础和丰富的实践经验，……。合作方（……）拥有……技术；……研究。合作方（……）……，为……提供了材料基础。总之，本项目组研究材料齐备、相关技术方法可行及科学家互信基础好。因此本课题的总体思路、技术方案和研究目标确实可行。

c. 基础材料丰富：本实验室通过不同途径创制了大量……突变体资源，已拥有……。已成功地构建了……群体，并已进行深度重测序，……。

d. 人员配备合理：项目组成功地将……遗传、品种选育、生物信息学、生理生化等不同专业的人员组合在一起，成员在各自的专业都有扎实的理论基础和丰富的实践经验，真正实现了多学科的交叉联合。

2. 已具备的实验条件，尚缺少的实验条件和拟解决的途径（包括利用其他机构实验条件的计划与落实情况）

……研究所是……。

（四）合作方投入情况

匹配经费：

合作方（……）课题组长：……

课题名称：……

时间区间：20××—20××

经费额度：＄ ××××（match the RMB ××××××）

仪器设备：

中方依托……实验室的设备和条件，中方和合作方（……）各实验室都具备……分析的仪器设备，包括 PCR 扩增仪、……、各种凝胶电泳设备、凝胶自动分析仪、……、……等仪器设备，实验体系完善、运转正常。

关键技术：

中方和合作方（……）各实验室欲投入以下关键技术展开合作：

1. ……相关种质资源；

2. 利用……，进行……等位性鉴定；

3. ……

签字和盖章页（此页不用填写，签字、盖章后寄给申请部门综合处）

申 请 者：…… 依托单位及所在院/系/所/实验室：……院……研究所

项目名称：……的遗传调控网络及育种利用

申请执行时间：20××年××月××日至20××年××月××日

申请者承诺：

我保证申请书内容的真实性。如果获得基金资助，我将履行项目负责人职责，严格遵守国家自然科学基金委员会的有关规定，切实保证研究工作时间，认真开展工作，按时报送有关材料。若填报失实和违反规定，本人将承担全部责任。

执行此项目期间，因无法预料的原因所产生的后果由本人自负（如健康状况、经

济纠纷、损失等）

签字：

项目组主要成员承诺：

我保证有关申报内容的真实性。如果获得基金资助，我将严格遵守国家自然科学基金委员会的有关规定，切实保证研究工作时间，加强合作、信息资源共享，认真开展工作，及时向项目负责人报送有关材料。若个人信息失实、执行项目中违反规定，本人将承担相关责任。

编号	姓名	工作单位	证件号码	每年工作时间（月）	签字

依托单位及合作单位承诺：

已按填报说明对申请人的资格和申请书内容进行了审核。申请项目如获资助，我单位保证对研究计划实施所需要的人力、物力和工作时间等条件给予保障，严格遵守国家自然科学基金委员会有关规定，督促项目负责人和项目组成员以及本单位项目管理部门按照国家自然科学基金委员会的规定及时报送有关材料。

依托单位公章　　　　合作单位公章1　　　　合作单位公章2

日期：　　　　日期：　　　　日期：

5.4　国家社会科学基金

国家社会科学基金项目
申　请　书

项　目　类　别：________青年项目
学　科　分　类：________应用经济
课　题　名　称：我国……战略安排
项 目 负 责 人：______ ……
负责人所在单位：……院
填　表　日　期：20××年××月××日

全国哲学社会科学规划办公室

申请者的承诺：

我承诺对本人填写的各项内容的真实性负责，保证没有知识产权争议。如获准立项，我承诺以本表为有约束力的协议，遵守全国哲学社会科学规划办公室的相关规定，按计划认真开展研究工作，取得预期研究成果。全国哲学社会科学规划办公室有权使用本表所有数据和资料。

课题负责人（签章）

20××年××月××日

填　表　说　明

一、本表请用计算机如实填写；所用代码请查阅《国家社会科学基金项目申报数据代码表》。

二、封面上方 2 个代码框申请人不填，其他栏目请用中文填写，其中“学科分类”填写一级学科名称，“课题名称”一般不加副标题。

三、《数据表》的填写和录入请参阅《填写数据表注意事项》，相关问题可咨询当地哲学社会科学规划办公室。

四、申请书报送一式 5 份，其中 1 份原件，4 份复印件。原则上要求统一用 A3 纸双面印制、中缝装订，活页夹在申请书内。各省（区、市）报送当地哲学社会科学规划办公室，新疆生产建设兵团报送兵团哲学社会科学规划办公室，在京中央国家机关及其直属单位报送中央党校科研部，在京部属高等院校报送教育部社科司，中国社会科学院报送本院科研局，军队系统（含地方军队院校）报送全军哲学社会科学规划办公室。

五、全国哲学社会科学规划办公室通讯地址：北京市西长安街 5 号，邮政编码：100806。

填写《数据表》注意事项

一、本表数据将全部录入计算机，申请人必须逐项认真如实填写。填表所用代码以当年发布的《国家社会科学基金项目申报数据代码表》为准。

二、表中粗框内一律填写代码，细框内填写中文或数字。若粗框后有细框，则表示该栏需要同时填写代码和名称，即须在粗框内填代码，在其后的细框内填相应的中文名称。

三、有选择项的直接将所选项的代码填入前方粗框内。

四、不具有副高级以上（含）专业职务者申请青年项目须填写第一推荐人和第二推荐人两栏。

五、部分栏目填写说明：

课题名称——应准确、简明地反映研究内容，一般不加副标题，不超过 40 个汉字（含标点符号）。

主 题 词——按研究内容设立。最多不超过3个主题词，词与词之间空一格。

项目类别——按所选项填1个字符。例如，选“重点项目”填“A”，选“一般项目”填“B”，选“青年项目”填“C”等。申请青年项目请注意申报人的条件。

学科分类——粗框内填3个字符，即二级学科代码；细框内填二级学科名称。例如，申报哲学学科伦理学专业，则在粗框内填“ZXH”，细框内填“哲学伦理学”字样。跨学科的课题，填写为主的学科分类代码。

所在省市——按代码表规定填写。地方军队院校不按属地填写，一律填写“军队系统”。

所属系统——以代码表上规定的七类为准，只能选择某一系统。

工作单位——按单位和部门公章填写全称。如“北京师范大学哲学系”不能填成“北京师大哲学系”或“北师大哲学系”，“中国社会科学院数量与技术经济研究所”不能填成“中国社会科学院数技经所”或“中国社科院数技经所”，“中共北京市委党校”不能填为“北京市委党校”等。

通讯地址——按所列4个部分详细填写，必须包括街（路）名和门牌号，不能以单位名称代替通讯地址。注意填写邮政编码。

主要参加者——必须真正参加本项目的研究工作，不含项目负责人。不包括科研管理、财务管理、后勤服务等人员。

预期成果——指最终研究成果形式，可选报1项或2项。例如，预期成果为“专著”填“A”，选“专著”和“研究报告”填“A”和“D”。字数以中文千字为单位。

申请经费——以万元为单位，填写阿拉伯数字。申请数额可参考本年度申报公告。

一、数据表

课题名称	我国……战略安排研究
主题词	……战略安排

项目类别	C	A. 重点项目 B. 一般项目 C. 青年项目 D. 一般自选项目 E. 青年自选项目
学科分类	JYN	农业经济学
研究类型	B	A. 基础研究 B. 应用研究 C. 综合研究 D. 其他研究

负责人姓名	……	性别	……	民族	……	出生日期	×年×月×日

行政职务		……	专业职务	B	副研究员	研究专长	JYN	农业经济学
最后学历	A	研究生	最后学位	A	博士	担任导师	B	硕士生导师

所在省（自治区、直辖市）	&	……	所属系统	G	其他

工作单位	……院……研究所	联系电话	××
通讯地址	……	邮政编码	××××

	姓名	出生年月	专业职务	学位	研究专长	工作单位	本人签字
主要参加者	……	×年×月	副研究员	博士	农业经济学	……	
	……	×年×月	副教授	博士	农业经济学	……	
	……	×年×月	副研究员	博士	农业经济学	……	
	……	×年×月	助理研究员	博士	农业经济学	……	
	……	×年×月	……	……	……	……	

第一推荐人姓名	……	专业职务		……	工作单位	……
第二推荐人姓名	……	专业职务		……	工作单位	……

预期成果	A	D	A. 专著 B. 译著 C. 论文集 D. 研究报告 E. 工具书 F. 电脑软件	字数（单位：千字）	××

申请经费（单位：万元）	××	计划完成时间	20××年××月××日

二、课题论证

1. 国内外研究现状述评及研究意义

……

①本课题国内外研究现状述评，选题的价值和意义。②本课题研究的主要内容、基本观点、研究思路、研究方法、创新之处。③前期相关研究成果，开展本课题研究的主要参考文献。限 4 000字以内。

2. 主要内容、基本观点、研究思路、研究方法、创新之处

主要内容：（1）粮食……比较。……

（2）……进口效率分析。……

（3）不同粮食……贸易成本比较。……

（4）……

……

基本观点：……

研究思路：本项目旨在研究……，从我国粮食……问题出发，利用……，分析我国……情况，把握粮食……规律；通过测算……的贸易成本，明确各主要因素……影响程度；……，构筑我国……调控机制。

研究方法：本项目是基于……。规范研究注重内涵的揭示，并以此为基础展开理论分析；实证研究在规范研究的基础上展开，将定性分析、定量分析相结合；定性分析……；定量分析强调数据可靠、方法实用，以确保研究结果的科学性与精确性，……。同时，采用比较研究法，……基本方法，不仅对……进行比较，还对……特征以及不同粮食……加以比较。

创新之处：……

3. 前期相关研究成果和主要参考文献

课题负责人前期相关研究成果

……

参加者前期相关研究成果

……

主要参考文献

……

三、完成项目研究的条件和保障

1. 课题负责人的主要学术简历、在相关研究领域的学术积累和贡献

……

①课题负责人的主要学术简历、在相关研究领域的学术积累和贡献；②课题负责人前期相关研究成果的社会评价（引用、转载、获奖及被采纳情况等）；③完成本课题研究的时间保证、资料设备等科研条件。

2. 课题负责人前期相关研究成果的社会评价

……

3. 完成课题研究的时间保证，资料设备等科研条件

（1）工作基础

课题组由经验丰富、科研能力强并具科研热情的人员组成。其中课题申请人……。课题组成员……。

（2）工作条件

……院……研究所是……，拥有……实验室，以及丰富的国内外文献资料、统计年鉴和文献检索条件，为保证科研质量提供了良好的物质条件。研究所设……，便于研究中遇到问题能及时开展交流和讨论。同时，研究所实施严格正规的财务管理制度。本项目主要成员之一来自……，该院……。

四、经费预算

序　号	经费开支科目	金额（元）	序　号	经费开支科目	金额（元）
1	资料费	××××	7	专家咨询费	××××
2	数据采集费	××××	8	劳务费	××××
3	差旅费	××××	9	印刷费	××××
4	会议费	××××	10	管理费	××××
5	国际合作与交流费	××××	11	其他费用	××××
6	设备费	××××	合计	××××	
年度经费预算	年份	20××年	20××年	20××年	20××年
	金额（元）	××××	××××	××××	××××

注：经费开支科目参见《国家社科基金项目经费管理办法》。

五、推荐人意见

不具有副高级以上（含）专业技术职务者申请青年项目，须由两名具有正高级专业技术职务的同行专家推荐。推荐人须认真负责地介绍课题负责人的专业水平、科研能力、科研态度和科研条件，说明该项目取得预期成果的可能性，并承担信誉保证。

第一推荐人签字　　　　年　月　日

第二推荐人签字　　　　年　月　日

说明：本表须推荐者本人签字或盖章有效

六、课题负责人所在单位审核意见

申请书所填写的内容是否属实；该课题负责人及参加者的政治和业务素质是否适合承担本课题的研究工作；本单位能否提供完成本课题所需的时间和条件；本单位是否同意承担本项目的管理任务和信誉保证。

已按填报说明对申请人的资格和申请书内容进行了审核，填写内容属实，课题负责人和参加者的专业素质较高，能够承担本课题的研究工作。申请项目如获资助，我单位保证对研究计划所需人力、物力和工作时间等条件给予保障，同意承担本项目的管理任务和信誉保证，严格遵守国家社会科学基金委员会的有关规定，督促项目负责人及组成人员按质按量准时完成该项目研究。科研管理部门公章　　　　单位公章

年　月　日　　　　年　月

七、各省（区、市）、兵团社科规划办或在京委托管理机构审核意见

对课题负责人所在单位意见的审核意见；是否同意报全国哲学社会科学规划办公室送学科评审组评审；其他意见。 单位公章 年　月　日

八、学科评审组评审意见

学科组人数		实到人数	表决结果	
赞成票		反对票	弃权票	
建议资助金额	主审专家意见	万元	学科评审组意见	万元
主审专家建议立项意见	主审专家签字： 年　月　日		学科组长签字： 年　月　日	

5.5　国家重点实验室

5.5.1　国家重点实验室基本科研业务费

一、立项依据与主要内容

1. 立项依据

根据科技部《关于国家重点实验室有关工作的通知》（国科发基〔2008〕80 号）和《关于组织制定国家重点实验室工作计划的通知》（国科基函〔2008〕9 号）有关文件精神，本实验室将研究制定 20××年国家重点实验室基本科研业务费（自主研究课题）的规划和工作计划，设立基本科研业务经费项目，用于实验室固定人员和团队开展符合重点实验室定位的研究以及具有前瞻性、原创性的自主选题研究，望能得到上级部门的大力支持。基本业科研务经费项目的设立将对实验室建设和发展取到积极作用。

2. 主要内容

基本科研业务费是指重点实验室围绕主要任务和研究方向开展持续深入的系统性研究和探索性自主选题研究等发生的费用。

（1）设立重点自主研究课题，开展基础与应用基础研究。对具有重要理论意义和重大应用前景的、国家资助不足的潜力项目进行重点资助，目的在加速高水平论文和成果的培育和孵化。

（2）人才引进项目：对回国开展工作的专家学者进行专项资助，以保证回国专家稳定、轻松、顺利的开展研究工作，以便积极参与到国家重大需求的研究项目中去，全面提升本实验室的学术水平和国内外影响力。

（3）优秀青年基金项目：对近年来涌现出的的优秀青年科研人员进行专项资助，为了鼓励优秀青年快速、稳定、积极投入到研究中，相应的经费支持，以便激发青年工作者的工作热情，鼓励他们发出高影响因子的论文，加强本实验室对优秀青年的鼓励与支持。

（4）……。

二、实施方案

1. 实施方案

基本科研业务费是指重点实验室围绕主要任务和研究方向开展持续深入的系统性研究和探索性自主选题研究等发生的费用。具体包括与研究工作直接相关的材料费、测试化验加工费、差旅费、会议费、出版/文献/信息传播/知识产权事务费、专家咨询费、劳务费等。

基本科研业务经费将主要用于实验室重点自主课题、人才引进项目、高端优秀青年人才成长培育的研究、……。

（1）重点自主研究课题：××项，总经费××万元，用于实验室……学科新技术和新方法的探索和优化、……等开拓性、原创性项目研发。

（2）人才引进项目：××项，共计××万元，用于农科院英才计划回国专家和引进人才的启动支持。

（3）优秀青年项目：××项，共计××万元，用于有希望出大成果的青年优秀人才的倾斜科研支持。

（4）……。

2. 可行性

基本科研业务费：实验室主要围绕重大基础科学研究，主要用于实验室……学科新技术和新方法的探索和优化、……等开拓性、原创性项目研发、……回国专家和引进人才的启动、实验室青年人才的培育。近年，实验室在基础研究领域，推进了我国……学科发展并产生了重要的国际影响力；在应用研究领域，创新了我国农业……的新理论与新技术并在生产中得到广泛应用。

三、项目支出计划

单位：万元

预算年度	支出计划	年初预算		
		小计	财政拨款	结转资金
合 计	××	××	××	××
20××	××	××	××	××

四、细化经济分类

单位：万元

经济科目	合计	财政拨款	结转资金
剩余支出计划金额	××	××	0
合计	××	××	0
［30201］办公费	××	××	
［30202］印刷费	××	××	
［30207］邮电费	××	××	
［30211］差旅费	××	××	
［30218］专用材料费	××	××	
［30226］劳务费	××	××	
［30227］委托业务费	××	××	
［30239］其他交通费用	××	××	

五、项目绩效目标

（1）重点自主研究课题：××项，总经费××万元，用于实验室……学科新技术和新方法的探索和优化、……等开拓性、原创性项目研发。

（2）人才引进项目：××项，共计××万元，用于……专家和引进人才的启动支持。

（3）优秀青年项目：××项，共计××万元，用于有希望出成果的青年优秀人才的倾斜科研支持。

（4）……。

一级指标	二级指标	三级指标	预期指标值
产出指标	数量指标	发表论文	SCI：××至××篇
	数量指标	出版著作	××至××部
	数量指标	申请、授权专利	××至××项

5.5.2　国家重点实验室开放运行费

一、立项依据与主要内容

1. 立项依据

设立国家重点实验室专项经费，加大对国家重点实验室的稳定支持力度，为国家重点实验室提高原始创新能力，加大人才引进力度，解决制约国家经济、社会发展和国防建设的关键科学问题等提供了有力的保障。同时，专项运行经费分为开放运行费和基本科研业务费。开放运行费用于重点实验室日常运行的维护和对外开放共享，专项运行经费对促进重点实验室的建设、发展等都具有积极作用。

2. 主要内容

开放运行经费将主要用于以下两个方面。

一是对外开放共享（包括开放课题和国内外合作与交流）；二是实验室日常运行（包括实验室日常运行、大型仪器设备的维修维护和小型仪器设备的购置改造等）。

主要内容：

（1）对外开放共享。

对外开放制度是实验室的研究人员通过多种渠道邀请国内外有影响力的专家来实验室工作。对外开放共享费用于对外开放过程中在本实验室发生的科研材料费和测试化验加工费，如试剂、药品、专用材料等。出版/文献/软件/专利费将用于开放课题取得研究成果的发表和专利申请，以鼓励来访学者在实验室踏实工作，多出高水平成果。开放基金面向全国农业高校、科研单位和海外农业科研工作者，由学术委员会对开放课题申请书进行书面和会议评审，保证遴选课题的质量和可行性。

国内外合作交流：邀请国内外知名专家学者来实验室讲学、短期合作研究，每年实验室选派学术骨干特别是年轻学科人才出席国际学术会议、出国访问交流，进一步提升本实验室的学术水平和国内外影响力。

（2）实验室日常运行维护费。

日常运行维护费是指维持重点实验室正常运转、完成日常工作任务发生的费用，包括办公及印刷费、水电气燃料费、物业管理费、图书资料费、差旅费、会议费、日常维修费、小型仪器设备购置改造费、公共试剂和耗材费、专家咨询费和劳务费等。

大型仪器设备的维修维护和小型仪器设备的购置改造：引进人才，建立实验室需要购置配套的小型常规科研仪器，以保证正常研究工作的顺利开展；长岛试验室站科研任务和研究内容的不断深入和拓展，仪器设备不足与老化已成为该站科技创新的主要瓶颈，现状亟待改善。小型仪器设备主要有：三维扫描仪、高压灭菌器、光照培养箱等。

二、实施方案及可行性

1. 实施方案

专项经费主要用于支持按照《国家重点实验室建设与运行管理办法》设立的国家重点实验室（以下简称重点实验室，不包括依托单位为企业的重点实验室）开放运行、自主创新研究和仪器设备更新改造等。开放运行费用于重点实验室日常运行的维护和对外开放共享，运行经费对促进重点实验室的建设、发展等都具有积极作用。

（1）对外开放共享：××万元，××%用于支持对国内开放和国际合作项目，鼓励和支持国外高水平专家学者来室工作。××%用于邀请国内外著名专家来实验室讲学、交流、指导工作，用于资助国际交通、在京生活补贴、房租等费用。同时鼓励实验室成员，特别是年轻科研骨干积极参与国际学术活动和访问交流，开拓视野，提升水平。

（2）实验室日常运转：××万元，用于日常维修、水电暖、房租、公共耗材试剂、大型科研仪器的维护升级、小型常规科研仪器的更新以及实验室的日常修缮、会议、劳务费等。

2. 可行性

开放运行费：国家重点实验室本着“开放、流动、联合、竞争”的原则，近年来实验室邀请国内外著名专家来实验室讲学、交流、指导工作，鼓励和支持国外高水平专家学者来室工作。同时鼓励实验室成员，特别是年轻科研骨干积极参与国际学术活动和访问交流，开拓视野，提升水平。

……回国及国内外高端人才的引进建立实验室，国家重点实验室给予大力的支持。实验室的正常运行包括日常维修、水电暖、房租、公共耗材试剂、大型科研仪器的维护升级、小型常规科研仪器的更新以及实验室的日常修缮、会议、聘用合同制职工劳务费等。

因此重点实验室的开放运行费和基本业务费对实验室有非常重要的必要性和可行性。

三、项目支出计划

单位：万元

预算年度	支出计划	年初预算		
		小计	财政拨款	结转资金
合 计	××	××	××	××
20××	××	××	××	××

四、项目细化经济分类

单位：万元

经济科目	合计	财政拨款	结转资金
剩余支出计划金额	××	××	0
合计	××	××	0
［30201］办公费	××	××	
［30202］印刷费	××	××	
［30203］咨询费	××	××	
［30205］水费	××	××	
［30206］电费	××	××	
［30208］取暖费	××	××	
［30211］差旅费	××	××	
［30214］租赁费	××	××	
［30215］会议费	××	××	
［30218］专用材料费	××	××	

（续表）

经济科目	合计	财政拨款	结转资金
〔30226〕劳务费	××	××	
〔30227〕委托业务费	××	××	
〔30239〕其他交通费用	××	××	
〔31002〕办公设备购置	××	××	
〔31003〕专用设备购置	××	××	
〔31006〕大型修缮	××	××	

五、项目绩效目标申报

（一）中长期绩效目标

1. 总体目标

对外开放共享：××万元，××%用于支持对国内开放和国际合作项目，鼓励和支持国外高水平专家学者来所工作。××%用于邀请国外著名专家讲学、交流、指导工作，用于资助国际交通、在京生活补贴、房租等费用。同时鼓励实验室成员，特别是年轻科研骨干积极参与国际学术活动和访问交流，开拓视野，提升水平。

实验室日常运作：××万元，用于日常维修、水电暖、房租、公共耗材试剂、大型科研仪器的维护升级、小型常规科研仪器的更新一集实验室的日常修缮等。

2. 指标设计

	一级指标	二级指标	三级指标	指标值
绩效指标	产出指标	数量指标	研发装备	××台/套
		质量指标	新增设备通过检测率	>××%
		质量指标	专利授权率	>××%

（二）年度目标（20××年）

	一级指标	二级指标	三级指标	指标值
绩效指标	产出指标	数量指标	研发装备	××台/套
		质量指标	新增设备通过检测率	>××%
		质量指标	专利授权率	>××%

5.5.3　国家重点实验室仪器购置经费

一、立项依据和主要内容

……国家重点实验室，是中国……学科最重要的国家重点实验室，主要……研究，重点研究和解决……等，发展……的新理论、新技术和新方法，实现……。

国家重点实验室仪器设备购置经费作为国家重点实验室在通过评估和验收后的仪器设备改造更新费用，用于实验室的仪器设备购置、功能扩展、技术升级，及与实验室研究方向相关的专用仪器设备研制等，为国家重点实验室的高效运转、为科研工作的顺利开展、为实验室所承担的科研课题的平稳和高效完成提供强有力的支撑。……国家重点实验室成立以来，在国家重点实验室仪器设备购置经费的支持下，为……科研工作者建立了覆盖……学不同研究方向的科研仪器平台，在遵循“开放、流动、联合、竞争”原则的基础上，为我国……事业的发展做出了巨大贡献，有力的促进和加快了……体系的建设。

20××年计划购置……光学图谱工作站、全自动热脱附仪、……同步热分析仪、……分析仪、……光谱仪、电子舌、动态干燥度分析仪、……、……、……等××台套仪器；20××年仪器设备全部采购完成。

二、项目实施方案及可行性

1. 可行性

通过本项目仪器购置，可以进一步完善实验室科研仪器平台的仪器设备配置，改善研究手段，增强对科研工作的支撑力度，促进实验室科研工作的快速、有序和可持续发展。主要集中在……的分子定位和……分析、……等功能蛋白及受体蛋白的纯化分析、以及……研究等方面。

2. 分阶段实施计划

接到正式项目批复文件后，将尽快组织专家论证、进行进口仪器设备采购申报、及仪器的招投标和采购工作，以便仪器设备尽早投入使用，促进科研工作的顺利开展。

三、支出计划

单位：万元

预算年度	支出计划	年初预算		
		小计	财政拨款	结转资金
合 计	××	××	××	××
20××	××	××	××	××
20××	××	××	××	××
20××	××	××	××	××

四、细化经济分类

单位：万元

经济科目	合计	财政拨款	结转资金
剩余支出计划金额	××	××	××
合　　　计	××	××	××
〔31003〕专用设备购置	××	××	××
……	××	××	××

5.6 国家科技基础性条件平台运行奖励补助经费

一、立项依据与主要内容

……数据共享中心是由科技部“国家科技基础条件平台建设”支持建设的数据中心试点之一。中心建设由……院……研究所主持，……等单位参加。中心建设是以满足国家和社会对……共享服务需求为目的，立足于……部门，以……单位为主体，以数据中心为依托，通过集……资源，并进行规范化加工处理，分类存储，最终实现面向全社会提供快速便捷的……共享服务。20××年，中心顺利通过科技部和财政部联合评审，成为首批认定的××家国家科技基础条件平台之一。

按照科技部平台中心“以用为主”的要求，中心由前期项目建设转入运行服务阶段后，工作重点也由项目建设期的资源建设、系统开发转向运行服务期的资源整合与挖掘、……等。为满足中心运行服务过程中在资源建设、……、硬件及网络运行环境改造、……等方面的人力和物力投入，中心需要科技部及财政部按年度给予相应的运行服务奖励补助经费支持，运行服务奖励补助经费主要用于中心以下工作：

（1）……资源的补充更新。包括……新增，……整合，以及对……规范化处理、修改完善和更新。

（2）中心及各分中心服务门户的运行维护，软硬件系统升级改造。

（3）……服务推介、专题服务开展、用户培训。

（4）……挖掘分析以及深层次服务拓展。

（5）中心日常运行管理等。

二、实施方案及可行性

（一）实施方案

在资源建设方面，以现有的……资源整合成果为基础，进一步对各学科形成的……进行规范化搜集、整理和汇交，并根据学科发展和科学研究的需要，对已有……优化和更新，对……标准体系进行完善。

在运行管理与共享服务方面，以为……提供……为目的，加强标准规范、管理办法及制度建设，实现面向全社会提供……服务，包括门户网站平稳运行为用户提供……服务，在线咨询服务，……提供服务，面向特定领域、特定需求的专题服务，以及为提升广大用户对中心的认知度和使用能力所开展的培训宣传服务等。

（二）实施计划

20××、20××、20××年××月，完成……年度工作计划制定；

20××、20××、20××年××月-××月，开展资源整合与挖掘、……服务、系统及门户网站升级改造等；

20××、20××、20××年××月，中心年度总结及考核。

（三）可行性

1. 人才保障

中心牵头及各参建单位通过多年建设，目前已建成一支结构合理、人员稳定的……资源建设、管理与服务队伍，专业从事于……搜集、整理与加工，面向用户需求……分析与处理，服务门户网站的运行维护，……加工、质检、汇交、发布等应用系统的建设与升级等。

2. 组织保障

为加强管理，中心实行理事会领导下的主任负责制，并成立了专家委员会、用户委员会分别履行专家咨询、用户监督职能，此外，还设立了综合管理办公室、资源建设组、服务组、技术与系统组具体负责各项工作的开展。

3. 基础设施保障

一直以来，中心牵头及承担单位给予了中心建设、运行与服务各项工作全方位的保障条件支持，包括软硬件环境、科研设施和组织保障等。如在网络环境及服务器等硬件资源方面，主中心及各……分中心均建成了专用的机房及服务器设施，并有专人负责管理与维护。

三、项目支出计划

单位：万元

预算年度	支出计划	年初预算		
		小计	财政拨款	结转资金
合 计	××	××	××	××
20××	××	××	××	××
20××	××	××	××	××
20××	××	××	××	××

四、细化经济分类

单位：万元

经济科目	合计	财政拨款	结转资金
剩余支出计划金额	××	××	××
合计	××	××	××
〔30201〕办公费	××	××	××
〔30202〕印刷费	××	××	××
〔30203〕咨询费	××	××	××
〔30204〕手续费	××	××	××
〔30205〕水费	××	××	××
〔30206〕电费	××	××	××
〔30207〕邮电费	××	××	××
〔30208〕取暖费	××	××	××
〔30209〕物业管理费	××	××	××
〔30211〕差旅费	××	××	××
〔30212〕因公出国（境）费用	××	××	××
〔30213〕维修（护）费	××	××	××
〔30214〕租赁费	××	××	××
〔30215〕会议费	××	××	××
〔30216〕培训费	××	××	××
〔30217〕公务接待费	××	××	××
〔30218〕专用材料费	××	××	××
〔30224〕被装购置费	××	××	××
〔30225〕专用燃料费	××	××	××
〔30226〕劳务费	××	××	××
〔30227〕委托业务费	××	××	××
〔30228〕工会经费	××	××	××
〔30229〕福利费	××	××	××
〔30231〕公务用车运行维护费	××	××	××
〔30239〕其他交通费用	××	××	××
〔30240〕税金及附加费用	××	××	××
……	××	××	××

五、支出绩效目标

20××年，……中心，将按照科技部平台中心“以用为主，重在服务”的需求，进一步创新工作方式，改进服务模式，拓宽服务渠道，扩大服务范围，推动中心资源建设、共享服务、运行管理托各项工作上台阶。

在……建设方法，……、更新维护……，以及开展……工作，进一步提高……规模和质量，中心计划全年……。

在……服务方面，确保中心各级……全年平稳运行，为用户提供……服务，提供服务……，……。此外，继续做好……服务等，计划全年开展常规……服务不低于××次，开题专题服务需不低于××次，开展各类培训服务不低于××次。

一级指标	二级指标	三级指标	预期指标值
产出指标	数量指标	常规数据……服务提供数量	××次
	数量指标	专题服务数量	××次
	数量指标	培训服务数量	××次
	数量指标	在线下载……服务，提供服务的数据量	××
	数量指标	网站访问	××万次
	……	……	××

5.7 基本科研业务费

5.7.1 院统筹项目

（注：因2016—2017年基本科研业务费改革，后续年度工作中如有申报格式调整，按新的要求执行）

项目编号：

……院

基本科研业务费
项目任务书

项目名称：……作用机理解析

承担单位：……院……研究所

项目负责人：……

执行期限：20××年××月至20××年××月

……院制

20××年××月××日

填写说明

一、本任务书为……院组织院属单位实施中央级基本科研业务费预算增量项目而设计，任务书甲方为……院，乙方为项目承担单位。

二、本任务书由甲、乙双方共同签订，一式四份，双方及项目负责人各执一份，院……局留存一份。

三、项目编号由……院统一分配。

四、请按要求加盖单位公章和单位财务专用章，单位负责人、项目负责人签字(签章)。单位名称必须与单位公章一致，不得缺省。

五、正文内容选用宋体、小四号字型填写，1.5 倍行距。任务书文本需按规定格式双面打印，页面大小为 A4，简单竖装。

项目基本信息

<table>
<tr><td rowspan="9">项目基本信息</td><td>项目名称</td><td colspan="4">……作用机理解析</td></tr>
<tr><td>承担单位</td><td colspan="4">……院……研究所</td></tr>
<tr><td rowspan="2">所属学科领域与研究方向</td><td>学科领域</td><td colspan="3">……分子生物学</td></tr>
<tr><td>研究方向</td><td colspan="3">……学</td></tr>
<tr><td>支持方式</td><td colspan="4">R 重点项目　□一般项目</td></tr>
<tr><td>执行期限</td><td colspan="4">□1 年　R3 年</td></tr>
<tr><td>支持类别</td><td colspan="4">R 促进学科建设类
□孵化重大科研项目类
□提升科技平台科研能力类
□培育重大科技成果类</td></tr>
<tr><td>项目经费</td><td colspan="2">××万元</td><td>自筹经费</td><td>××万元</td></tr>
<tr><td colspan="5"></td></tr>
<tr><td rowspan="4">项目申请人信息</td><td>姓 名</td><td>……　性别　……</td><td></td><td>出生年月</td><td>19××年××月</td></tr>
<tr><td>职 称</td><td colspan="2">……</td><td>学历/学位</td><td>……</td></tr>
<tr><td>联系电话</td><td colspan="2">××</td><td>手 机</td><td>××</td></tr>
<tr><td>E-mail</td><td colspan="4">……</td></tr>
<tr><td>项目摘要</td><td colspan="5">（限 400 字）
高产……新品种选育是解决我国……。利用功能基因组学……技术克隆高产油调控基因……，明确……高产油量性状形成的分子基础，可有效为分子育种提供技术支撑和理论依据，是……基础研究的重点任务之一。基于此，本项目拟开展以下研究：1）借助 SNP 芯片……对……核心种质资源、优异性状材料的 RIL 及 DH……群体的重要目标性状进行 QTL……定位；2）针对 RIL 和 DH……群体中极端性状材料混样进行转录组表达谱……分析，快速定位候选基因并……进行功能鉴定；3）结合本课题已有工作基础，对影响产量、含油量性状关键基因……的调控机制进行深入剖析，明确……高油、高产形成的分子基础。上述研究不仅能为……新品种选育提供理论依据和技术指导，也将促进我院油料……基础科研的发展。</td></tr>
</table>

*注：指院学科设置方案中本所的“学科领域”与“研究方向”

一、研究目的和意义简述

……

二、主要研究内容

（说明主要研究内容，拟重点解决的关键科学问题和技术难点，主要创新点等）主要研究内容。

（1）本项目基于……，结合本单位在……等方面的先进技术和资源优势，拟开展以下研究：①对……核心种质资源、优异性状材料的……群体的重要目标性状……进行多年多点的表型数据考察；②利用……对上述群体进行……构建，结合表型考察数据进行……；③利用极端混合群体……分析法针对群体中极端性状材料进行……，快速定位……；④……功能验证及调控途径解析。

（2）要解决的主要技术难点和问题。

性状考察的准确性。……

……目标……一直是个难点。……

……序列相似度高，这为鉴定和克隆不同位置……带来一定难度。……

（3）创新点。

……

三、研究目标和考核指标

（项目实施结束时的总体目标和主要技术、经济等量化考核指标。执行期为 3 年的项目，写明总体研究目标和考核指标，以及本年度研究目标和考核指标）

1. 总体目标

本项目针对……，结合项目申请单位在……等方面的先进技术和资源优势，高通量挖掘……对其调控机制进行深入解析，建立和完善……基础代谢和调控网络，为……新品种选育提供理论依据和技术指导。

2. 总体考核指标

（1）获得……各××个以上；

（2）获得一批有自主知识产权的……，包括调控……的功能……××个，调控高产性状××个；

（3）深入分析××个以上……的代谢通路，获得其对……的分子调控机制；

（4）预期可发表论文××至××篇，其中 SCI 论文××篇左右，参加学术会议报告××至××次；

（5）申请国家专利××至××项，国际专利××至××项；

（6）培养硕士研究生××至××名，博士研究生××至××名。

3. 本年度研究目标

利用……技术，借助……核心种质资源、优异性状材料的……群体，高通量挖掘……。

4. 本年度考核指标：

（1）获得……各××个以上；

（2）发表论文××至××篇；

（3）申请国家专利××至××项；

（4）培养硕士研究生××名。

四、研究进度安排

（执行期为 3 年的项目，写明总体进度安排和本年度详细进度安排。）

1. 总体进度安排

20××年：

核心种质资源的种植及性状考察；核心种质……关联分析；优异性状材料……群体

的种植及性状考察；……分型及主效……鉴定；性状极端材料取样、总……测序。

20××年：

关联分析和连锁分析相结合分别筛选……；辅助……关键代谢途径分析及……筛选部分……；候选……转化；针对部分……。

20××年：

针对筛选出的……进行……实验，考察……应用前景；开展……下游调控通路、相互作用蛋白、细胞组织定位等分析，探讨……形成的分子机理；继续鉴定……；同时对未鉴定出……继续构建……，为下一步……奠定材料基础。

2. 本年度详细进度安排

20××年××月至20××年××月 核心种质资源、优异性状材料……的种植及……等性状的考察；

20××年××月至20××年××月种质资源群体、……的提取，优异性状材料群体取样；

20××年××月至20××年××月上述……样品的……分型、……关联分析及……的鉴定；

20××年××月至20××年××月核心种质及优异性状材料群体的种植；

20××年××月至20××年××月优异性状材料……提取、转录组测序及……的初步分析、定位；

……。

五、项目承担单位、参加单位及主要研究人员

项目承担单位：中国农科院……研究所

课题负责人

姓名	性别	年龄	职称	专业	项目分工	所在单位
……	女	××	研究员	……	主持	……院……研究所

主要研究人员

姓名	性别	年龄	职称	专业	项目分工	所在单位
……	男	××	研究员	作物遗传育种	各类群体材料的提供	……院……研究所
……	男	××	副研究员	作物遗传育种	核心种质资源群体、优异性状材料 RIL 及 DH 群体种植及性状考察	……院……研究所
……	……	××	……	……	……	……

六、经费预算

项目承担单位财务专用章：　　　　单位：万元

支出科目	经费预算		测算依据
	专项经费	自筹经费	
一、材料费	××	××	实验室材料，如各种生化试剂如氯化钠、氢氧化钠、无水乙醇……等××万/年，××年合计××万元，分子生物学试剂如 RNA 提取……试剂盒、DNA……纯化试剂盒、载体及构建相关内切酶、Taq 酶，dNTP……等××万/年，××年合计××万元；实验室耗材枪头、离心管、PCR 板……等××万/年，××年合计××万元；田间种植管理耗材杂交/种子袋……、标签牌等××万元/年，××年合计××万元
二、测试化验加工费	××	××	芯片定制××张，××元//张，芯片群体检测费用××元//张，合计××万元；转录组测序费用××个极端群体样本，××万元/样本，合计××万元；转基因……材料芯片分析费用××个样本，××元/样本，合计××万元；含油量检测、克隆基因……测序、标记检测等费用××万元
三、差旅费	××	××	××，××个点（青海、江西、阳逻、云南……），××人次/点，××元/点，合计××万元
四、会议费	××	××	举办小型会议、参加学术会议××次，每次××人，××元/次/人，合计××万元
五、出版/文献/信息传播/知识产权事务费	××	××	专利××项××万元/项=××万元，个别论文版面费约××万元
六、专家咨询费	××	××	……答辩邀请专家，××人次，××万元/人次，合计××万元；课题年度……会议××邀请专家，××人次，××元/人次，合计××万元
七、劳务费	××	××	聘用人员××人，××元/月/人，合计××万元；学生××人，××元/月/人，每人平均工作××年，每年××个月，合计××万万元
八、其他费用（须列明支出明细）	××	××	实验地租费（××年××点，武汉、青海、江西、阳逻、云南……），××万元/点/年，合计××万元；仪器使用费用××万/年××年=××万元；生长间（××间）的年租费××万元/年××间××年=××万元
合计	××	××	/

七、任务书签订各方签章

项目组织单位（甲方）：院

负责人（签章）：

（单位公章）

年　月　日

项目承担单位（乙方）：

负责人（签章）

（单位公章）

年　月　日

项目负责人（签字）：

年　月　日

八、共同条款

签约各方共同遵守《中央级公益性科研院所基本科研业务费专项资金管理办法（试行）》、《……部基本科研业务费项目管理办法（试行）》（以下均简称《办法》）的有关规定。

（1）项目经费的使用要严格按照《办法》的有关规定执行，专款专用，不得挪作它用。

（2）按照《办法》的有关规定，甲方负责监督乙方经费的使用情况，对不符合规定的开支，负责提出调整意见。

（3）任务执行过程中，乙方如需变更合同内容，需向甲方提出变更内容的申请，经甲方审核批准后实施。未经批准擅自变更合同内容，导致任务无法完成，后果由自行调整方负责。

（4）如因乙方主观原因致使任务无法完成或甲方认为继续执行已无意义时，甲方有权中止项目执行，并视情况追回全部或部分经费。

（5）项目结束后，乙方应对项目进行总结，并向甲方提交验收申请，由甲方组织专家对项目进行验收。

（6）本任务书签订各方均负有相应责任，存在争议或纠纷时，按有关《办法》的规定条款处理。

5.7.2 研究所项目

项目批准号：20××-××

……院……研究所

中央级公益性科研院所基本科研业务费专项资金

项目任务书

资助类别：自由申报项目

项目名称：……关键技术研究

负 责 人：……

联系电话：××

电子信箱：……

所在处室：……

资助经费：××××万元

执行年限：20××年××月至20××年××月

填表日期：20××年××月××日

科研管理处制表

一、项目基本信息

项目名称（中文）	……关键技术研究			
项目名称（英文）	The Study on……			
研究类型	1. 自由申报类 R；2. 重点类□；3. 科技平台类□；4. 现代科研院所建设类□			
密 级	□绝密 □机密 □秘密 R 公开			
项目负责人	姓 名	……	性 别	R 男 □女
	出生日期	××年××月	民 族	……
	学 位	R 博士 □硕士 □学士 □其他	毕业时间	××年××月
	毕业学校	……	专 业	……
	职 称	□高级 R 中级□ 初级 □其他	任职时间	20××年××月
	团 队	……	学科领域	……
	身份证号	××		
	联系电话	××	E-mail	……
参加项目人数	共××人，其中：	高级××人，中级××人，初级××人，其他××人；		
		博士××人，硕士××人，学士××人，其他××人。		
起始时间	20××年××月	终止时间	20××年××月	
项目活动类型	R 基础研究 □应用基础研究 □应用开发 □产业化开发 □其他			
创新类型	R 原始创新 □集成创新 □引进消化吸收再创新			
预期成果	□专利 □技术标准 □新产品（或农业新品种）□新工艺□新装置 □新材料 □计算机软件 R 论文论著 R 研究报告□其他			
预期知识产权	发表论文××至××篇，其他成果研究报告××份			
经费预算	××万元			

二、项目组主要成员

	姓名	出生年月	职称	项目分工	签名
主持人	××	××年××月	助研	总体规划	
主要参加人	××	××年××月	高级工程师	试验管理	
	××	××年××月	高级农艺师	田间记载	
	××	××年××月	农艺师	样品采集	
	××	××年××月	……	……	

三、研究目标和研究内容

1. 研究目标

针对……问题，通过田间试验，明确……特点，探明不同……对……生长发育及产量的影响，摸清……方法……变化特征，比较不同……效果，探讨……在……种植中应用价值，拟通过本项目，建立……技术，为……。

2. 研究内容

本研究以……为研究对象，以……为……，以……方法，主要开展以下研究：

（1）……吸收规律研究……。

（2）不同……处理对……产量及产量构成因素的影响……。

（3）不同……处理下……变化特征研究……。

（4）……的经济效益分析与评价：……。

3. 拟解决的关键问题和创新点

①明确……特点，为区域内……制定提供数据支持；②探明……影响，为……技术推广提供依据；③分析不同……中的应用效果，为……的应用推广提供政策建议。

四、项目的考核指标

包括①主要技术指标：如形成的专利、新技术、新产品、新装置、论文专著等数量、指标及其水平等；②主要经济指标：如技术及产品应用所形成的市场规模、效益等；③项目实施中形成的示范基地、中试线、生产线及其规模等；④其他应考核的指标。

研究成果主要以论文和研究报告的形式体现。

发表论文××至××篇；形成研究报告××份；编写《……技术标准》××份；

组织……农技推广人员开展研讨会一次。

五、项目的经费预算

单位：万元

科　目	预算数	计算根据与测算明细
支出预算合计	××	
办公费	××	主要用于试验材料（缓释肥料……）及样品的邮寄费用，快递费每次××元，预计××次，共××万元
印刷费	××	发表论文××至××篇，每篇××元计，约××万元，其他印刷费用约××万元。
咨询费	××	邀请国内专家××至××人次，每人次按××元计，约需××万元
差旅费	××	项目成员赴异地或邀请专家来甘南……开展研讨交流发生的差旅费用。预计××次以上，每次按××万元，约××万元。
会议费	××	邀请国内有关专家及州内……各县科技人员召开××一次青稞施肥……技术研讨会议，约××人，共需××万元。召开小型会议××次，每次××万元。
专用材料费	××	肥料、种子、取样标签、采土布袋、植株样品取样袋等费用
劳务费	××	用于田间试验管理及样品采集中发生的雇工费用，约××人天，每人天××元计算：××元××人天 = ××万元
委托业务费	××	试验地整地、耕翻、机械租赁等××万元，约××万元。土壤及植物样品氮、磷、钾……测定约××万。
其他交通费用	××	试验地点附近无公共交通，赴试验田发生的租车及市内交通费用
其他商品和服务支出	××	用于临时和其他不可预见费用
小型专用设备费……	××	……

注：经费预算要详细，每一项科目务必要有计算根据和测算明细 .

六、签字盖章页

项目负责人承诺	我接受中国农业科学……院……研究所中央级公益性科研院所基本科研业务费专项资金的资助，将按照申请书和任务书负责实施本项目（批准号：20××—××），严格遵守所里关于资助项目管理、财务等各项规定，切实保证研究工作时间，认真开展研究工作，按时报送有关材料，及时报告重大情况变动，对资助项目发表的论著和取得的研究成果按规定进行标注 负责人（签字）： 20××年××月××日
科研处审查意见	负责人（签章）： 年　　月　　日
所长审批意见	所　长（签章）： 年　　月　　日

5.8 现代产业技术体系

5.8.1 首席专家

项目名称：现代农业产业技术体系建设专项……首席科学家经费

项目单位：……院……研究所

项目开始年份：20××

一、立项依据及主要内容

1. 立项依据

组织……产业技术研发中心进行下列工作：开展……产业技术发展需要的基础研究和基础性工作；开展关键技术攻关和技术集成，完成国家和区域的产业技术研发任务；开展产业技术人员培训；收集、监测和分析……产业发展动态与信息；开展产业政策的研究与咨询；组织学术活动；监管功能研究室和综合试验站的运行。

2. 主要内容

建设……产业发展的基础性、公益性技术平台。

应对……等问题，开展……产业技术发展的储备性、跟踪性和前沿性研究，针对突发性灾情、疫情等生产问题，加强对……产业动态信息的调研，提出切实可行的应急技术方案；完成农业部交办的临时性应急任务。

二、实施方案及可行性

1. 项目实施方案

1—12 月：组织开展……重点任务研发，开展关键技术攻关和技术集成。

1—12 月：收集、监测和分析……产业发展动态与信息，在国家……产业技术信息网上录入更新。

3—5 月：收集初春返青后……体系××个示范基地重要信息。

5—6 月：督导各区域……收获，及时向上级反馈生产状况。

7—8 月：收集……体系××个示范基地重要信息。

9—11 月：参加各功能研究室的学术交流活动。

10—12 月：收集冬前……体系××个示范基地重要信息。

11—12 月：查询检索国内外当年发表有关……产业重要科学论文数据库，补充更新数据，并筛选重要论文。

12 月：组织召开体系工作总结会议。

2. 项目可行性

国家……产业技术研发中心由××个功能研究室，××个研究岗位组成。功能研究室按……产业链的构成要素或单元，以及生产过程的客观逻辑，根据……××大板块设计，与……科学研究的学科分类、教育和人才培养体系相适应。……体系的……研究室与……研究室在……研究上建立了联合工作机制，互相交流种质和信息，共同培育……品种；……研究室的新品种、栽培与机械研究室和……研究室的新技术在有关综合试验站经受筛选和测试；……研究室与……研究室相互协作，共同监测和调研主产区农户……生产效益；……研究室依靠主产区的综合试验站建立了××个固定产业信息监测点。

据我国……产业的区域生态特征和产品市场特色，在……××个优势产区建设××个综合试验站。其主要职责是：承担并按期完成国家……产业技术研发中心下达的研究与示范任务；开展产业综合集成技术的试验和示范；培训技术推广人员和科技示范户，开展技术服务；调查、收集生产实际问题与技术需求信息，监测分析疫情、灾情等动态变化并协助处理相关问题。

上述岗位和综合试验站均组成了科研团队，管理平台共计登录团队成员××人。各综合试验站还分别联系周边××个示范县的技术骨干××人。20××年××个示范县……总面积××亿亩，占全国××%。并为××个种子、农药、肥料、农机、加工和贮运企业提供技术服务。……产业技术体系逐渐成为中国……产业发展的主要技术支撑力量。

三、支出计划

单位：万元

预算年度	支出计划	年初预算		
		小计	财政拨款	结转资金
合 计	××	××	××	××
20××	××	××	××	××
20××	××	××	××	××

四、支出明细

单位：万元

经济科目	合计	财政拨款	结转资金
剩余支出计划金额	××	××	××
合计	××	××	××
〔30202〕印刷费	××	××	××
〔30207〕邮电费	××	××	××
〔30211〕差旅费	××	××	××
〔30215〕会议费	××	××	××
〔30226〕劳务费	××	××	××
〔30299〕其他商品和服务支出	××	××	××

五、支出绩效目标

年度总体目标：组织……产业体系全体成员调研……产业链，找出各环节的技术需求与主要问题，根据国内外技术发展趋势和现在，组织论证开展……产业体系“十三五”研发任务。协调体系间协作任务并在体系内落实。组织有关综合试验站及有关专家围绕××个特困连片地区开展与……产业有关的技术研发，为“十三五”扶贫提高技术服务。代表……体系与上级签订有关工作协议，并通过与体系内个成员分别签订体系内工作协定，落实体系内容岗位和各综合试验站任务，检查和督促完成有关任务。组织……体系有关专家接受并完成上级有关部门下达的临时性任务。组织……体系年度总结与考评，并代表……体系接受上级的年度考评。

一级指标	二级指标	三级指标	预期指标值
产出指标	数量指标	完成体系重点任务	××个
	数量指标	完成体系间合作任务	××个
	数量指标	完成前瞻性任务	××个
	数量指标	扶贫任务	××个贫困区
满意度指标	服务对象满意指标	满意率	××%

5.8.2　岗位科学家

项目名称：现代农业产业技术体系建设专项……岗位科学家经费

项目单位：……院……研究所

项目开始年份：20××

一、立项依据与主要内容

1. 立项依据

当前我国……生产和……存在的主要问题是……。为此，本项目主要研究……推荐……方法与限量标准研究，……养分……技术，……机械化深施技术与……研发。

2. 主要内容

（1）……推荐……方法与限量标准研究。

（2）……养分……替代……技术。

（3）……机械化……技术与……研发。

（4）……

二、实施方案及可行性

1. 实施方案

（1）……推荐……方法与限量标准研究：……。

（2）……养分……替代……技术：……。

（3）……机械化……技术与……研发：……。

（4）……。

（注意：实施方案内容应能体现与经费支出的关系）。

2. 可行性

本项目是针对生产中迫切需要解决的问题，在本岗位 20××—20××年工作基上提出的，研究基础好，方法成熟，具有可行性。

……

（注意：可行性应说明什么问题、有什么基础、用什么方法）。

三、支出计划

单位：万元

预算年度	支出计划	年初预算		
		小计	财政拨款	结转资金
合 计	××	××	××	××
20××	××	××	××	××
20××	××	××	××	××

四、支出明细

单位：万元

经济科目	合计	财政拨款	结转资金
剩余支出计划金额	××	××	××
合计	××	××	××
〔30201〕办公费	××	××	××
〔30202〕印刷费	××	××	××
〔30203〕咨询费	××	××	××
〔30204〕手续费	××	××	××
〔30205〕水费	××	××	××
〔30206〕电费	××	××	××
〔30207〕邮电费	××	××	××
〔30208〕取暖费	××	××	××
〔30209〕物业管理费	××	××	××
〔30211〕差旅费	××	××	××
〔30212〕因公出国（境）费用	××	××	××
〔30213〕维修（护）费	××	××	××
〔30214〕租赁费	××	××	××
〔30215〕会议费	××	××	××
〔30216〕培训费	××	××	××
〔30217〕公务接待费	××	××	××
〔30218〕专用材料费	××	××	××
〔30224〕被装购置费	××	××	××
〔30225〕专用燃料费	××	××	××
〔30226〕劳务费	××	××	××
〔30227〕委托业务费	××	××	××
〔30239〕其他交通费用	××	××	××
〔30240〕税金及附加费用	××	××	××

（续表）

经济科目	合计	财政拨款	结转资金
〔30299〕其他商品和服务支出	××	××	××
〔31003〕专用设备购置	××	××	××

五、支出绩效目标

总体目标：目标 1 建立……推荐……方法；目标 2 建立……推荐……限量标准

一级指标	二级指标	三级指标	预期指标值
产出指标	数量指标	……利用率	提高××%
	数量指标	……减施量	减少××%
	数量指标	……产量	增产××%

5.9　非营利科研机构改革启动费

一、立项依据及主要内容

1. 立项依据

……院……研究所……

研究所根据各学科自身发展需求，按照能够提升我国主要……科学自主创新能力，围绕农业生产重大问题开展技术创新研究，优化形成可用于生产的成熟技术体系（模式），建立……技术平台，进行全方位的重要性状形成的解析和系统发育研究。用于……鉴定平台、……平台的建设。

2. 主要内容

（1）行政费用。……

（2）创新能力和条件建设。……

（3）人才引进与培养。……

（4）重大科技成果培育。……

（5）……

二、实施方案及可行性

1. 实施方案

完成 20××年度各类项目论证会、规划编制会、国内外学术交流会、项目总结会议等。完成行政职能部门设备购置，包括办公设备、办公用品、办公家具等。完善……实验室仪器设备配套。完成 20××年度冬季取暖，电梯水泵运行费。完善……等……技术规程，扩大示范、推广面积。推广高产、优质……配套……技术××万亩。

分阶段实施计划：

预算执行，每月平稳发生，保证上半年资金安全和使用合理，至六月份执行进度达到××%；下半年保证完成全年的资金使用。

2. 可行性

……研究所是……

在北京……、……和……分别建成占地××亩和××亩的综合试验与中试基地，在……建成占地××亩地的……基地，在……建成占地××亩的试验基地。这些基地建有完整配套的田间试验体系，可以重点开展……研究的试验、中试熟化和示范。

制定项目的管理办法，做到专人管理，监督资金使用，保证使用进度。

三、项目支出计划

单位：万元

预算年度	支出计划	年初预算		
		小计	财政拨款	结转资金
合计	××	××	××	××
20××	××	××	××	××

四、支出明细

单位：万元

经济科目	合计	财政拨款	结转资金
剩余支出计划金额	××	××	××
合计	××	××	××
［30201］办公费	××	××	××
［30202］印刷费	××	××	××
［30203］咨询费	××	××	××
［30204］手续费	××	××	××
［30205］水费	××	××	××
［30206］电费	××	××	××
［30207］邮电费	××	××	××
［30208］取暖费	××	××	××
［30209］物业管理费	××	××	××
［30211］差旅费	××	××	××
［30213］维修（护）费	××	××	××
［30214］租赁费	××	××	××
［30215］会议费	××	××	××
［30216］培训费	××	××	××
［30217］公务接待费	××	××	××
［30218］专用材料费	××	××	××

（续表）

经济科目	合计	财政拨款	结转资金
〔30226〕劳务费	××	××	××
〔30227〕委托业务费	××	××	××
〔30231〕公务用车运行维护费	××	××	××
〔30239〕其他交通费用	××	××	××
〔30299〕其他商品和服务支出	××	××	××
〔31002〕办公设备购置	××	××	××
〔31003〕专用设备购置	××	××	××
〔31005〕基础设施建设	××	××	××
〔31006〕大型修缮	××	××	××
〔31099〕其他资本性支出	××	××	××

五、支出绩效目标

总体目标：1. 创新能力和条件平台建设；2. 人才引进与培养；3. 重大科技成果培育；4. ……

一级指标	二级指标	三级指标	预期指标值
产出指标	数量指标	审定……品系	××个
	数量指标	……技术规范和新技术	××项
	数量指标	提高……资源	××至××份
	数量指标	鉴定……特性	××至××份
效益指标	社会效益指标	示范面积	××至××亩
	社会效益指标	培训农民和农民技术员	××至××人

5.10　院创新工程

科技创新工程 20××年预算文本

一、立项依据及主要内容

（一）立项依据

……

（二）主要内容

20××年，……所继续按照创新工程发展规划，在……领域、……领域、……领域、……领域开展科研工作，具体如下：

……领域：……。

……领域：……。

……领域：……。

……领域：……。

二、实施方案及可行性

（一）实施方案

……。具体实施方案如下：

20××年 1—3 月：

主要开展……为主的……技术研究；开展……技术研究；开展……部件创制；开展……装备研究；开展……研究，……装备研究，……研究；开展……关键技术、……装备技术等研究；开展……技术研究等。

20××年 4—6 月：

主要开展……模式和关键技术，……；开展……种植技术研究；开展……等……技术研究；开展……技术研究；开展……模式研究，建设……模式示范区；开展……技术与……研究；开展……智能化研究；开展用于……关键……技术、……技术研究；开展……技术、……技术、……关键技术研究等。

20××年 7—9 月：

对……××种机构关键……分析、改进优化；……××种机构关键核心……试验测试；……试制；开展……特性研究；建立……模型，及……研究……进行试验、示范，进行……研究……和……田间作业试验；进行……设计研发。

20××年 10—12 月：

完成……××种机构关键……集成……新产品××件，完成××种……的试制；开展……××轮优化设计；系统总结……部分研究成果……研发设计；进行……关键……改良优化。

（二）可行性

1. 科研沉淀丰富，为顺利完成科技任务奠定了较好的基础

……

2. 科技创新水平大幅提升，为顺利完成科技任务提供了条件

……

3. 优越的科研环境，为顺利完成科技任务提供了保障

……

因此，项目实施是必要的，也是可行的。

三、经费需求和测算说明

20××年申请科技创新工程专项经费预算金额××万元，具体见下表：

表　……研究所科技创新工程 20××年预算申报表

单位：万元

项目	合计	材料费	测试化验加工费	燃料动力费	差旅费	交通费	会议费	国际合作及交流费	出版/文献/信息传播/知识产权事务费	劳务费	专家咨询费	培训费	租赁费	设备购置与研制费	设施设备维修维护费	其他相关支出
申请预算数	××	××	××	××	××	××	××	××	××	××	××	××	××	××	××	××
1. ……团队	××	××	××	××	××	××	××	××	××	××	××	××	××	××	××	××
2. ……团队	××	××	××	××	××	××	××	××	××	××	××	××	××	××	××	××
3. ……团队	××	××	××	××	××	××	××	××	××	××	××	××	××	××	××	××
4. ……团队	××	××	××	××	××	××	××	××	××	××	××	××	××	××	××	××
……	××	××	××	××	××	××	××	××	××	××	××	××	××	××	××	××
……	××	××	××	××	××	××	××	××	××	××	××	××	××	××	××	××
……	××	××	××	××	××	××	××	××	××	××	××	××	××	××	××	××
……	××	××	××	××	××	××	××	××	××	××	××	××	××	××	××	××

20××年申请经费预算与20××年规划数相比，增量为××%，其产生的原因：

一是……创新团队开展……方面研究××万元，包括……系统研究××万元，其中：……定位××万元、物联网传感××万元、地理信息系统××万元、无线通讯××万元、信息融合与数据处理等高新技术××万元，构建……系统平台××万元，研究开发各种实用的平台软件功能模块××万元；农业机械导航技术研究××万元，其中：开展……研究××万元，逐步开展……技术××万元。开展……研究增加××万元，其中：生态效益评价研究××万元，经济效益评价××万元，模式综合评价研究××万元。

二是……创新团队开展……技术设备改进及试验示范××万元，主要包括……××万元、……××万元、……等技术研究××万元、关键部件改进提升及各地试验示范××万元；开展……加工工艺技术与装备研发××万元，主要包括……机理研究××万元、干燥技术机理研究××万元、干片粉碎技术机理××万元以及相关关键部件的创制等××万元；……主要加工设备的改进提升工作××万元，主要……研究××万元以及关键部件优化提升××万元；引进农产品分级与贮藏装备方面高层次人才××名，提供科研启动费××万元，其中：从事……研究的材料费××万元、样机试制加工××万元，购置相关仪器设备××万元，调研、资料收集及工作交流研讨等方面××万元，相关制品品质检测等工作××万元。

三是……创新团队……。

四是……。

各创新团队20××年科技创新工程专项经费申请预算编制说明如下：

1. ……创新团队××万元，主要用于

一是开展“……装备研发”工作（或研究）××万元，主要包括调研与方案确定××万元，研究与设计××万元，样机试制××万元，样机试验××万元，项目总结、验收××万元。

二是开展“……机具研发”工作（或研究）××万元，主要包括调研与方案确定××万元，研究与设计××万元，样机试制××万元，样机试验××万元，项目总结、验收××万元。

三是开展“……机具研发”工作（或研究）××万元，主要包括调研与方案确定××万元，研究与设计××万元，样机试制××万元，样机试验××万元。

四是开展“……等研究试验”工作（或研究）××万元，主要包括调研与方案确定××万元，研究与设计××万元，样品试制××万元，试验××万元。

五是开展“……机具研发”工作（或研究）××万元，主要包括调研与方案确定××万元，研究与设计××万元，样机试制××万元，样机试验××万元。

六是开展……测定分析××万元。

七是开展……共性技术研究××万元。

八是引进……高层次人才××名，提供科研启动费××万元。

九是……相关基础设施维修维护××万元。

具体预算经费和测算说明如下：

（1）材料费××万元。

测算说明：主要用于……等试制加工的材料等费用。具体如下：

用于××种××个规格各两轮智能型耕整地机械关键部件及样机试制（包括工装、模具制作材料）、××种××个规格节能耕整地部件样品试制（包括工装模具制作材料）用板钢（××吨）、……等××吨，平均单价按××万元/吨，合计××万元；标准件（包括紧固件……）、外协外购件（包括变速箱、传动箱、……等）共××万元；辅助材料，包括润滑（脂）油、焊条、……等××万元。

用于高效低能耗耕整装备研制的原材料、零配件等××万元；用于引进的耕整地机械方面高层次人才开展科学研究所需的原材料、部件、零配件等××万元。

（2）测试化验加工费××万元。

测算说明：用于××种××个规格智能耕整地机械样机、××种××个规格节能耕整地关键部件样品试制改进加工、部件技术性能测试、整机田间技术性能测试考核、产品委托检验、测试、试验示范费等费用。其中：

①样机加工制作费××万元，包括制作工装、模具、刀具等；

项目实施过程中用于……关键部件及样机××台（套）加工费××万元；……整地机械××台（套）××万元、智能激光平地机××台（套）××万元、智能秸秆还田机具××台（套）××万元、智能深松机具等××万元，××种节能耕整地部件××种规格样品试制加工××万元。

②试验测试费××万元；

包括部件技术性能测试、整机田间技术性能测试和可靠性考核等，按每种机具（部件）委托测试考核××万元/（种/次），××台机具测试考核××次，费用××万元；××种部件××种规格试验××次，费用××万元；

③样机（样品）装卸运输等××万元；

包括××台样机、××种样品田间性能试验、性能测试及试验考核等需要运输和装卸等费用，运输费用按平均××元/公里，预计试验需到江苏、浙江、……等地，运输里程大约××公里计，共××万元，装卸费用等按每次××元计，装卸等××次，费用为××万元。

④用于高效低能耗耕整装备关键部件等的试制加工费××万元；

⑤用于引进的耕整地机械方面高层次人才进行样机及关键部件等的试制加工费××万元。

（3）燃料动力费××万元。

测算说明：用于研究设计和试验用水费××万元；研究设计和试验用电费××万元；研究设计和试验专用汽油、柴油费××万元；用于引进的耕整地机械方面高层次人才进行样机及关键部件等的试制加工、性能检测、性能试验等方面所需的水费××万元，电费××万元，试验用燃油费××万元。

（4）差旅费××万元。

测算说明：测算说明：主要用于项目实施过程中调研、学术交流、项目汇报以及开展……研究设计人员的外埠差旅费等。项目差旅的主要往返地为……省内部分市区、浙江、……等地。差旅费测算以“中央国家机关事业单位差旅费管理办法”为依据，具体如下：

去往……省内部分市区、浙江、……等地进行调研和试验，差旅费××万元。项目预计安排出差××次，平均每次××人，累计××人次，每次出差××天，每人每天住宿××元，伙食补贴加交通补助费××元计算，则差旅费为：××人次＊〔××元/人次（长途、市内、到试验地点交通费）+××天/人次××元/天·人+××天/人次××元/天·人〕=××万元；保险等公杂××万元。

用于引进的……方面高层次人才进行实地调研、样机及关键部件试制加工费、田间试验、工作交流等方面的差旅费××人次，每次××天，城市间交通费平均××元/人次，计××万元；住宿及出差补助等平均××元/人天，则差旅费为：××人次＊〔××元/人次（长途、市内、到试验地点交通费）+××天/人次××元/天·人〕=××万元。

（5）交通费××万元。

测算说明：用于……研发等方面市内科研业务用车费××万元，主要为燃油费、过路过桥费、维修护费等；市内项目相关研讨等租车费××万元；去市内相关单位进行技术交流、专利申请及去郊区调研××万元、试验、研讨等的租车费交通费××万元；共计××万元。

用于开展……研究方面的样机加工、材料采购、资料收集等方面交通费用××万元，其中：市内公共交通费用××万元，出租车费××万元，科研业务用车的燃油费、过路过桥费、维修护费等××万元；

用于引进的……方面高层次人才进行实地调研、样机加工、材料采购、资料收集等方面交通费用××万元，其中：市内公共交通费用××万元，出租车费××万元，科研业务用车的燃油费、过路过桥费、维修护费等××万元。

（6）会议费××万元。

测算说明：主要用于方案论证、技术交流、现场示范等活动而发生的会议费用，会议费以“中央国家机关会议费管理办法”为依据，按照现行最新会议费标准控制，每人每天不超过××元。

用于项目方案论证会、项目中期研讨会、项目示范培训会、项目总结会共四次。总人数××人/天，每人每天××元，预计××万元。

召开……研究方面的咨询论证会××次，会期××天，参加人数××人，会议费××元/人天计算，计××万元；用于……方面高层次人才召开学术交流研讨会，会期××天，参加人数××人/次，会议费××元/人天计算，计××万元；方案咨询论证会××次，会期××天，参加人数××人/次，会议费××元/人天计算，计××万元。

（7）国际合作及交流费××万元。

测算说明：主要用于任务实施过程中邀请国外专家来华技术交流、合作洽谈、任务研究人员出国技术学习交流而发生的费用，国际合作与交流费测算根据新修订的《因公临时出国经费管理办法》（财行〔2013〕516号）的有关规定、标准。

用于20××年6—7月××人赴……公司等就“……技术及机具研发”技术交流，××天，国际旅费：××万元，伙食费：××万日元，折合人民币××万元，住宿费：××万元日元，折合人民币××万元，公杂费：××万日元，折合人民币××万元，城市间交通费：××万元，签证及其他费用：××万元；共××万元；

用于来邀请××位韩国技术专家、××位日本技术专家来华交流××天，旅费、市内交通、住宿、伙食等费用共××万元。

邀请××位日本技术专家来华交流高效低能耗耕整装备关键技术××天，国际旅费、市内交通、住宿、伙食等费用共××万元。

（8）出版/文献/信息传播/知产产权事务费××万元。

测算说明：用于项目设计图纸、使用说明、试验报告、影像图片等印刷复印费××万元；资料、样品、报告邮寄、通讯费××万元；图书资料购买、专利申请与保持、成果申报、论文版面等费××万元；技术资料检索查新等××万元，论文发表版面费等××万元。

（9）劳务费××万元。

测算说明：用于项目研发、试验聘请××名技术专家，共××人/月，每人/月××元，计××万元；聘请××名硕士研究生试验和示范，共××人/月，每人/月××元，计××万元；聘请试验辅助劳务人员××人，每人/日××元，计××万元。具体按按报销标准支出。

聘请××名硕士研究生参与高效低能耗耕整装备关键技术研究工作，××个月，××元/人月，计××万元；聘请××名硕士研究生协助引进的耕整地机械方面高层次人才研究工作，××个月，××元/人月，计××万元。

（10）专家咨询费××万元。

测算说明：用于项目论证、项目验收总结、示范培训讲座、规范标准方法研讨等××次咨询费，邀请专家共××人天，每次人天××元，共计××万元；用于……研究关键技术方面的咨询，邀请专家共××人天，平均××元/人天，共计××万元；用于引进的……方面高层次人才开展科研工作过程中发生的咨询费用，咨询专家共××人天，平均××元/人天，共计××万元。

（11）培训费××万元。

测算说明：用于项目产品标准学习、软件培训学习、新规范新知识培训学习、岗位培训学习等培训费××万元。

（12）租赁费××万元。

测算说明：用于耕整地技术与智能装备研发、部件开发等试验用拖拉机、辅助机械、试验场所和房屋等租赁费××万元；用于……样机试验用田地租赁××亩，平均××元/亩，计××万元，对比试验用样机等租赁费××元/天，租期××天，计××万元；用于引进的……方面高层次人才开展样机田地试验所需的租赁费，按××亩，平均××元/亩，计××万元，对比试验用样机等租赁费××元/天，租期××天，计××万元。

（13）设备购置与研制费××万元。

测算说明：试验样机设备购置费××万元，主要用于购置……样机各××台。进行先进技术分析研究，关键部件结构设计分析和方案论证等；保证创新研究工作顺利开展。

购置……速测仪××台，计××万元；用于……共性设备购置××万元（即：购置……运动仿真软件××套，××万元，购置……部件快速成型设备××台，××万元，由各创新团队共同承担）；用于引进的……方面高层次人才开展科学研究过程中所需的仪器设备购置费××万元。

专用设备研制费××万元。进行项目的前期基础研究和各关键部件的选型参考，用于组建项目研究的室内专用模拟试验台××台；满足创新研究工作需要。

（14）设施设备维修维护费××万元。

测算说明：主要用于……、……、……等固定资产修理和维护费用，网络信息系统运行与维护费用共计××万元；用于……装备研究方面的仪器设备的检定及维修维护费用××万元；用于引进的……方面高层次人才开展科学研究过程中所需的仪器设备的测量检定及维修维护费用××万元；用于……研究所需的实验室、基地及其相关基础设施维修维护××万元。

（15）其他相关支出××万元。

测算说明：用于项目实施所需耗材、纸张等支出××万元；……创新成果示范推广、宣传等××次，平均每次××万元，共××万元；试验地作物损失补偿××亩，每亩平均××元，共××万元。

2. ……创新团队××万元，主要用于

一是……基础研究工作××万元，主要包括……。

二是……。

三是……。

四是……。

五是……。

……

具体预算经费和测算说明如下：

（1）材料费××万元。

测算说明：主要用于……等费用。具体如下：

……。

（2）测试化验加工费××万元。

测算说明：用于……等费用。其中：

……

（3）燃料动力费××万元。

测算说明：主要用于……费用，其中：

……

（4）差旅费××万元。

测算说明：主要用于……。差旅费测算以……办法为依据，具体如下：

……。

（5）交通费××万元。

测算说明：主要用于……等费用，具体测算如下：

……。

（6）会议费××万元。

测算说明：主要用于……。具体如下：

……。

（7）国际合作及交流费××万元。

测算说明：主要用于……，具体测算如下：

……。

（8）出版/文献/信息传播/知产产权事务费××万元。

测算说明：主要用于……等。具体测算如下：

……。

（9）劳务费××万元。

测算说明：主要用于……。具体测算如下：

……。

（10）专家咨询费××万元。

测算说明：项目实施中计划召开……。

（11）培训费××万元。

测算说明：……

……。

（12）租赁费××万元。

测算说明：主要用于……，其中包括：

……。

（13）设备购置与研制费××万元。

测算说明：为了更好的开展……。

……

（14）设施设备维修维护费××万元。

测算说明：科研工作需要……，很有必要对固定设施设备进行技术提升以提高工作精度和效率。

用于……。

（15）其他相关支出××万元。

测算说明：用于项目实施所需……。

3. ……团队××万元，主要用于

……。

具体预算经费和测算说明如下：

……

4. ……团队××万元，主要用于

……

……

单价 50 万元以上仪器设备购置情况说明

2006 年以来，中央财政设立了修缮购置专项经费，稳定支持科研院所条件建设。但……，远远不能满足科研，特别是创新工程研究工作的需要。因此我所更新和增添较大型科研仪器设备的需求十分迫切，20××年拟从科技创新工程专项经费中购置……仿真软件××套，××万元；……部件快速成型设备××台，××万元，其必要性和相关性如下：

（1）……仿真软件××万元。

……。通过仿真系统的应用，能够更好的了解……的作业机理，对机械的结构设计具有指导意义，不仅缩短了研发周期，节省了大量原材料，降低了研发成本，而且使产品能够实现全局优化和一次性开发成功变为可能，对于……创新具有重要意义。

（2）……部件快速成型设备××万元。

……。快速成型设备购置可以有效地缩短……产品研发周期、提高产品质量并减少生产成本，实现从微观组织到宏观结构的可控制造，从更广泛的意义上实现结构体的“研究设计—材料—试制—试验”一体化。

四、绩效目标

（一）中长期绩效目标（20××—20××年）

1. 总体目标

20××年至20××年，……研究所将以创新工程为契机，……。体制机制创新方面。……。科技创新能力方面，……。人才与团队建设方面，……。科研条件建设与完善方面，……。国际合作与交流方面，……。资金使用与管理方面，……。

2. 指标设计

	一级指标	二级指标	三级指标	指标值
绩效指标	产出指标	数量指标	研发装备	××台/套
		质量指标	新增设备通过检测率	>××%
		质量指标	专利授权率	>××%
		质量指标	论文核心期刊发表	××%
		成本指标	产品成本与样机成本之比	<××
		数量指标	攻克关键技术	××个
		数量指标	研制关键部件	××个
		数量指标	发表论文	××篇
		数量指标	申报专利	××个
		数量指标	发布行业标准	××个
		数量指标	编著	××部
		数量指标	引进高层次人才	××人
		数量指标	建立试验台	××个
		数量指标	举办学术交流会议	××个
		数量指标	获得各类成果奖励	××个
		数量指标	服务三农次数	××次
		数量指标	转化推广机具数量	××套

（续表）

	一级指标	二级指标	三级指标	指标值
绩效指标	效益指标	经济效益指标	带动示范区农机企业投入	××万元
		经济效益指标	示范区装备比人工每亩降低费用	××元/亩以上
		社会效益指标	带动示范区农民就业	××至××人
		生态效益指标	示范区植保机具降低农药使用量	降低××%
	满意度指标	服务对象满意度指标	研发机具得到示范用户认可率	得到大部分用户认可

（二）20××年度绩效目标

1. 总体目标

针对……技术领域中的基础性、方向性、全局性和关键性的重大科技问题，提高……等领域……设计开发自主创新能力。继续在……等领域开展技术研发和装备创制。加大……试验力度，大量采集田间数据，着力于提高装备可靠性，稳定性。加大自动控制领域研究开发力度，提升……智能化水平。

2. 指标设计

……。

5.11　农业部研究课题和司局细化项目

5.11.1　农业部政策研究课题经费

课题名称：……

一、立项依据和主要内容

目前，我国正处在全面建设小康社会的关键时期，……。

开展……研究，需要着眼于食物消费、加工、生产等全过程一体化，检测……营养成分并进行功能评价，建构并修正……知识体系；研究……需求，制定消费示范与推广方案，并现场……示范；同时探讨……途径，提出……需求与政策措施等，为我国……发展做好……统筹谋划。

综合运用实地调研、年鉴数据、访谈资料等信息，分析……现状、……结构、以及……相关性。

选择几种典型食物，研究设计“……评价指标体系与方案“，……。

以“营养指导合理消费“的理念，以食物的营养知识和功能为基础，研究设计……引导方案；制定相关……示范计划，并现场……，引导人们健康合理消费食物。

本着……的原则，探讨……布局模式，为……提出技术需求与政策措施。

二、实施方案及可行性

本着……的理念，着眼于……过程一体化，检测……成分并进行……评价，建构并修正……知识体系；研究……需求，制定……方案，并现场……示范；同时探讨……途径，提出……需求与政策措施等，为我国……发展做好……统筹谋划。

三、支出计划

单位：万元

预算年度	支出计划	年初预算		
		小计	财政拨款	结转资金
合 计	××	××	××	××
20××	××	××	××	××
20××	××	××	××	××
20××	××	××	××	××

四、支出明细

20××年预算

单位：万元

经济科目	合计	财政拨款	结转资金
剩余支出计划金额	××	××	××
合计	××	××	××
〔30202〕印刷费	××	××	
〔30203〕咨询费	××	××	
〔30207〕邮电费	××	××	
〔30211〕差旅费	××	××	
〔30215〕会议费	××	××	
〔30218〕专用材料费	××	××	
〔30226〕劳务费	××	××	
〔30227〕委托业务费	××	××	
〔30299〕其他商品和服务支出	××	××	

五、绩效目标申报

总体目标：综合运用实地调研，年鉴数据、访谈资料等信息，分析……限制、……结构、以及……相关性。

选择……，研究设计“……评价指标体系与方案”，通过实验室检测，并结合人们……等方法对……进行……检测与……评价，建立并修正……知识，并进行科学普及。

5.11.2　农业部司局细化项目

农业部司局细化项目较多，本模板仅是项目之一，供参考。

项目名称：……成分例行监测与……安全监测

项目类别：农业……生物安全管理项目

项目单位：……院……研究所

一、立项依据与主要内容

（一）立项依据

……。为进一步切实履行《……安全管理条例》赋予的职责，消除未经安全评价和未经审定的……生物及其产品非法扩散的隐患，……，根据《……安全管理条例》有关规定和部……司的工作部署，开展……监测，以及……的长期监测，为……。

（二）主要内容

……，对市场流通领域和制种田的……等……作物进行抽样，并采用相关技术标准和技术规范进行……成分检测，……。举办……科普宣传培训1次，普及……技术相关知识，努力营造生物技术产业发展的良好环境。

……。中心……环境监测室人员在……院……野外科学观测试验站，对在不同生育期，不同生长季节对……对农田土壤生态系统的影响、潜在风险进行了定点监测。利用土壤学常规分析方法和土壤农化常规检测方法分析比较……在不同生长时期、不同……等条件下，……对土壤养分和理化性质的影响；利用……分析方法和……方法分析比较……在不同生长时期、不同……等条件下，……对土壤酶活性的影响；利用……等检测方法，分析比较……在不同生长时期、不同……等条件下，……对土壤微生物多样性的影响。利用……分离线虫，研究……种植对……的影响。……环境安全性长期监测关注的核心问题是……作物长期种植是否会破坏农田土壤的质量，破坏生物多样性，改变农田生态系统的功能。主要包括（1）监测……对土壤养分的影响；（2）监测……对土壤酶活的影响；（3）监测……对土壤动物和微生物多样性的影响。……。

二、项目支出实施方案

（一）实施方案

1. 任务分工

（1）……成分例行监测。

根据部……司的总体部署，抽检市场流通领域和制种田内的……等重要……作物样品至少××份，采用相关技术标准和技术规范进行……成分检测，为……提供技术支撑。防止未经批准的……非法扩散。举办……科普宣传培训，普及……技术相关知识，营造……产业发展的良好环境。

（2）……安全监测。

监测华北地区……对农田土壤生态系统重点是对土壤质量安全影响的研究，包括监测……对土壤养分的影响；监测……；监测……的影响。具体实施内容包括：①比较……在不同生长时期、不同……转入等条件下，……对土壤养分和理化性质的影响。②比较……在不同生长时期、不同……等条件下，……对土壤酶活性的影响。③分析……在不同生长时期、不同……等条件下，……对土壤动物多样性和微生物多样性的影响。

2. 进度安排

根据农业部……司的具体安排做如下实施进度安排：

20××年 1—10 月，完成抽样地点布设，样品抽取、检测和培训工作；

20××年 11 月，完成委托检验任务并提交检验结果；

20××年 12 月，整理和分析数据，提交项目结题报告。

（二）可行性

为确保本项目的顺利实施，专门成立了……工作实施组，质量负责人负责筛查过程全部流程的质量监督，其他人员分工协作，以保障工作顺利完成。……研究所为……检验测试中心（……）的依托单位，该中心……。

三、项目支出计划

单位：万元

序　号	预算年度	资金来源		
		小计	支出计划	上年结转
1	20××年	××	××	××
2	20××年	××	××	××
3	20××年	××	××	××

四、细化经济分类

单位：万元

经济分类大类	具体经济分类	20××	20××	20××
商品和服务支出	［30201］办公费	××	××	××
	［30202］印刷费	××	××	××
	［30203］咨询费	××	××	××
	［30204］手续费	××	××	××
	［30205］水费	××	××	××
	［30206］电费	××	××	××
	［30207］邮电费	××	××	××
	［30208］取暖费	××	××	××
	［30209］物业管理费	××	××	××
	［30211］差旅费	××	××	××
	［30212］因公出国（境）费用	××	××	××

（续表）

经济分类大类	具体经济分类	20××	20××	20××
	〔30213〕维修（护）费	××	××	××
	〔30214〕租赁费	××	××	××
	〔30215〕会议费	××	××	××
	〔30216〕培训费	××	××	××
	〔30217〕公务接待费	××	××	××
	〔30218〕专用材料费	××	××	××
	〔30224〕被装购置费	××	××	××
	〔30225〕专用燃料费	××	××	××
商品和服务支出	〔30226〕劳务费	××	××	××
	〔30227〕委托业务费	××	××	××
	〔30228〕工会经费	××	××	××
	〔30229〕福利费	××	××	××
	〔30231〕公务用车运行维护费	××	××	××
	〔30239〕其他交通费用	××	××	××
	〔30240〕税金及附加费用	××	××	××
	〔30299〕其他商品和服务支出	××	××	××
	合计	××	××	××
	〔31003〕专用设备购置	××	××	××
	〔31099〕其他资本性支出	××	××	××
	合计	××	××	××
合计		××	××	××

五、支出明细

（1）重要农作物……成分例行监测：对玉米、水稻等重要……作物及产品进行田间或市场抽样，采用相关技术标准和技术规范进行……成分检测。

子活动	对子活动的描述	数量/频率	分项支出	价格/标准	支出计划（万元）	备注
样品抽检	进行市场或田间样品抽样和转基因……成分室内检测	××份/××年	样品抽检费	××元/份	××	价格标准按照市场询价，浮动区间为××至××元。

（2）……棉花农田土壤质量安全监测：监测华北地区……棉花对农田土壤生态系统重点是对土壤质量安全影响的研究。

子活动	对子活动的描述	数量/频率	分项支出	价格/标准	支出计划（万元）	备注
资料复印	用于资料复印、结果打印复印费用等	××次	印刷费	××万元/次	××	市场询价
实验布设和技术问题咨询	项目前期设计、研究中期及末期各××次，每次××至××人，进行专家咨询	××人次	咨询费	××元/人次	××	《农业部办公厅关于印发〈关于进一步规范专家咨询费等报酬费用发放与领取管理的若干规定〉的通知》（农办财〔2016〕17号）
购置实验用水	用于野外研究基地水费	××年	水费	××元/吨	××	市场询价
购置实验用电	用于样品储存、仪器设备运转等所耗电费	××年	电费	××元/度	××	市场询价
支付邮寄费	用于样品、总结报告的邮寄	……	邮电费	××万元/年	××	市场询价
野外试验	进行野外试验布设和采样等活动	××人次/年	差旅费	住宿费××元/人次·天，膳食费××/人次·天和公杂费××元/人次·天，往返交通费平均××元/人次	××	《关于印发《中央和国家机关差旅费管理办法》的通知》（财行〔2013〕531号）和关于印发《中央和国家机关差旅费管理办法有关问题的解答》的通知（财办行〔2014〕90号）
仪器维修维护	项目实施过程中普通PCR、梯度PCR、凝胶成像系统、移液器……等设备校准、期间核查、定期维护等费用、	××年	维修（护）费	××万元/年	××	市场询价
专用材料费购置	实验用常规试剂、分子生物学试剂和农资物品的购买	××年	专用材料费	××万元/年	××	市场询价
支付劳务费	野外工作临时人员工资，××元/人次，野外雇工××年累计××人次	××次/年	劳务费	××元/人次	××	市场询价

（续表）

子活动	对子活动的描述	数量/频率	分项支出	价格/标准	支出计划（万元）	备注
其他费用	项目实施过程中发生的除上述费用之外的非预见商品和服务支出	××个月/年	其他商品和服务支出	××元/月	××	市场询价

六、绩效目标申报

20××至20××年中期总体绩效目标：根据部……司对……生物安全管理的需要，对……、……等重要……作物及产品进行田间或市场抽样，采用相关技术标准和技术规范进行……成分检测；定位监测……棉花对农田土壤生态系统的影响，收集数据。

	一级指标	二级指标	三级指标	指标值
绩效指标	产出指标	数量指标	抽检市场流通领域和制种田内的××……等重要转基因……作物，采用相关技术标准和技术规范进行转基因……成分检测	完成××份转基因……样品的成分检测
	效益指标	社会效益指标	防止和震慑未经安全评价和未经审定的转基因……××……和××……种子流入市场	为我国农业转基因……生物的安全监管提供技术支撑

20××年年度绩效目标：（1）根据部……司对……安全管理的需要，对玉米、水稻等重要……作物及产品进行田间或市场抽样，采用相关技术标准和技术规范进行……成分检测；例行监测××份样品；（2）定位监测20××年……棉花对农田土壤生态系统的影响。

	一级指标	二级指标	三级指标	指标值
绩效指标	产出指标	数量指标	转基因……作物长期种植对农田生态环境影响的生态学效应	发表核心期刊论文××至××篇
		数量指标	至少完成××份样品的抽检	提交抽样检测分析报告××份
	效益指标	社会效益指标	长期的监测和数据积累为我国转基因……棉花的生态风险评价提供理论数据	为将来转基因……作物的有序可持续健康发展提供保障

5.12 运行维护费

5.12.1 ……部重大专用设施运行费（新设）

农业部所属事业单位重大设施系统运行费备选项目
农业部××所

农业部××科学观测实验站
20××至20××年运行费申报

可行性研究报告

农业部××所

20××年××月

一、基本情况

(一) 项目单位基本情况

1. 单位名称、地址及邮编、联系电话与负责人

……

2. 部级实验站基本情况

农业部……科学观测实验站由农业部……所承建，……。

实验站命名经历和背景：……

人员、基础设施和任务：……

研究方向：……

农业部……科学观测实验站具备完全独立的田间试验和实验室分析场所，具备执行……监测的基本实验分析仪器，必要的科研辅助和生活设施，配备完整的研究、辅助、管理多种层次的技术人员，具有比较健全的内部运行和管理制度保障。××年来，一直承担国家和地方的科研和技术推广任务，这些工作具有明显的公益性、基础性、长期性、稳定性，研发的……生产技术，以及政策成果等为农业部和……市政府提供有力的技术支撑和决策参考。

3. 存在问题与申报原因

……

(二) 项目负责人情况

……

(三) 项目基本情况

1. 项目名称、类别与属性

项目名称：农业部……科学观测实验站运行费专项

20××至 20××年经费预算：××年共申请运行费××万元。年度预算如下：

20××年运行经费：××万元；

20××年运行经费：××万元；

20××年运行经费：××万元。

2. 项目主要工作内容

本项目是为依托农业部……科学观测实验站日常运行所提供的专项经费。主要用于……实验站……设施系统处于完好状态所必需的维修、保养等费用、水电能源等基本运行费用，以及技术升级和设施功能提升的功能保障费用。以上费用支出为农业部……科学观测实验站日常运行维护和对外开放运转之必需。

(1) 状态维护费用。

包括实验站基础设施的维护费用、长期在线监测设施维护保养费用、实验机械设备维护费用。每年状态维护费用预算为××万元。

(2) 基本运行费。

包括设施系统维持最低限度运行所需的办公耗材、网络通讯、水电油气、物业管理、低值易耗品、租赁、聘用人员等基本消耗与运行管理费用，每年基本运行费用预算××万元。

(3) 功能保障费用。

功能保障费主要包括提升设施系统功能所必需的技术升级、小型仪器设备购置与更新改造，人员培训、技术交流等。每年功能保障费预算为××万元。

3. 项目预期目标

根据农业部野外实验站建设总体规划，力争通过××至××年的建设将农业部……科学观测实验站建成研究力量雄厚、人才队伍结构合理、设备先进、生活设施完善、通信交通便利、环境优美的我国……流域……野外研究站，使之成为区域……长期系统观测基地；……保护研究基地；……技术研发、集成与示范推广基地；国内外学术交流与合作研究基地；……领域人才培养和科普教育基地。力争进入“国家级试验台站”行列。

4. 项目总投入情况

根据《农业部所属事业单位重大设施系统运行费管理暂行办法》，结合农业部……科学观测实验站基础设施和运行现状，经过测算20××至20××年共需要投入××万元，每年投入××万元。主要用于实验站的日常运行和维护运转。所请的总经费中，状态维护费用重点用于实验站基础设施的维护费用、长期在线监测设施维护费用、实验机械设备维护费用。基本运行费重点用于实验站日常运转所必需的办公耗材、物业管理、聘用人员等基本消耗与运行管理费用。功能保障费用重点用于提升设施系统功能所必需的技术升级、小型仪器设备购置与更新改造等费用。

二、必要性和可行性

（一）立项的必要性

……

（二）项目立项可行性

1. 符合《农业部所属事业单位重大设施系统运行费管理暂行办法》申报条件

（1）农业部……科学观测实验站重大设施系统属国家批准立项建设，已经正式投入使用。

实验站于20××年和20××年分别获得农业部正式批复命名，于20××年获得农业部基本建设项目，建设期为20××至20××年，基建费用全部为国家财政资金。因此农业部……科学观测实验站属于国家批准立项建设。已经于20××年××月××日完成主体工程四方验收手续和室外景观验收手续，并正式投入使用。此外，试验基地现有××亩奶牛试验场、××亩农田试验区、××亩猪场试验区、××亩鱼塘试验区、以及原有的××多平方米科研办公试验用房一直处于运行状态中，也是申请运行费支持的重要部分。

（2）具有为农业部履行行政管理、执法监督提供技术支撑和决策参考服务等特定职能

试验基地早在19××年就开始开展试验研究，先后执行国家和省部级科研项目多项，为农业部和地方政府决策和政策制定提供了强有力的支撑。20××—20××年实验站实施了……计划项目，以……为目标的……治理，从单项核心技术、整合技术模式以及产业政策等层面进行了详细的研究，取得一批研究成果，为农业部在类似的……地区开展技术实施、行政管理和监督提供可靠的依据。20××至20××年实施的……补偿政策研究、农业部……项目、……项目等，系统地分析了……流域可以实施的……技术，并通过成本分析法，在考虑政府支付能力的基础上，制定了……标准，该标准得到……各级政府的采纳，在……流域进行了广泛的应用。对于保护……水质以及控制……起到积极的作用。

（3）重大设施系统承担的工作任务具有公益性、基础性、长期性、稳定性等特征。

按照《国家农业科技创新与集成示范基地》要求，以及……战略与……发展的现实需要，农业部……科学观测实验站主要开展××个方面的工作：①……定位监测，为阐明……变化以及……提供基础数据；②科学研究，目前承担……计划、……科研专项、……等项目，到 20××年实验站科研任务饱满；③培训示范推广，将研发的……技术、……技术以及……技术进行示范和推广，为整个……地区……发展提高保障。从实验站的承担的工作内容具有明显的公益性、基础性、长期性、稳定性等特征。

（4）具有与履行职能相适应的相对独立完整的场所、设施和技术人员。

实验站现有固定人员××人（详细人员名单见附表）。其中研究人员××人，长期在站工作人员（不包括外聘人员）共××人。拥有××亩土地，其中有土地产权证的××亩（土地证，另见附件），其中包括奶牛场、猪场和鱼塘各××座，其余为实验农田。除在建科研和生活设施共××平方米外，另有××余平米的平房临时用于实验和办公的过渡。拥有……监测设备、……测定仪器、……监测设备等××余台套，在……流域建设××多个长期地定位监测点和××多个田间小区径流池。这些实验条件、设施和场所保障了实验站在实施基建项目期间的正常运行。

（5）具有健全的内部运行管理制度。

参照《农业部重点开放实验室管理办法》，规范和加强……实验站的建设和运行管理。编制并实施《农业部……规章制度汇编（试行）》，包括行政管理条例、日常工作管理制度、野外观测管理制度和规定、仪器设备和数据管理等一系列的完备的管理制度的规定，保障了实验站的高效和规范运行。

2. 项目预算的合理性与可靠性分析

根据农业部办公厅关于转发《财政部关于印发〈中央本级项目支出预算管理办法〉的通知》的通知（农财办〔2007〕72 号），结合农业部……科学观测实验站运行实际需要，以及……市物价文件，编制了该项目的资金预算。项目资金的使用将严格按照财务管理办法加强管理，做到专款专用。

3. 预期经济效益和社会效益

……

4. 项目风险与不确定性分析

专项执行存在的不确定性，一是国家有关部门对……的调整，增加项目实施的成本，从而对完成计划任务产生一定影响。二是……，可能会对相关材料费、劳务费等产生一些影响，并进而影响项目的进程。三是可能发生的突发性事件，包括……等，均可能对项目的实施产生一定影响。但是，从整体看，我国经济发展良好，对项目实施的可能影响都可以在很大程度上消除。

三、实施条件

（一）人员条件

成立领导机构：为了保证项目的顺利实施，成立了以所长为组长领导小组，成员包括实验站站长、副站长、科技处处长、财务处主管。其中，科技管理处负责管理工作协调；财务处严格按照国家有关财务制度和基本建设管理制度执行，严格做到专款专用，做好财务审计和监督；保证项目按照计划，高质量、高水平的实施。

1. 项目负责人情况

……

2. 项目主要参与人员情况

……

（二）资金条件

项目20××至20××年共申请经费××万元，其中每年申请××万元。该部分运行费是维持农业部……科学观测实验站运转的最基本经费。属于公益性和基础性范畴，具有非营利性质。

（三）申报单位基础条件

农业部……研究所是……

四、项目绩效目标

（一）中长期绩效目标

通过《农业部……科学观测实验站运行费项目》的实施，根据农业部野外实验站建设总体规划，力争通过××至××年的建设将农业部……科学观测实验站建成研究力量雄厚、人才队伍结构合理、设备先进、生活设施完善、通信交通便利、环境优美的我国……流域……野外研究站，使之成为区域……长期系统观测基地；……研究基地；……技术研发、集成与示范推广基地；国内外学术交流与合作研究基地；……人才培养和科普教育基地。力争进入“国家级试验台站”行列。

（二）本项目实施的年度目标

本项目实施后的具体目标如下：维持农业部……科学观测实验站基本的水电、管理、维修维护等基本运行状态的需求。保障实验站发挥基本的定位监测、科学研究和试验示范的功能。

（三）指标设计

一级指标	二级指标	三级指标	预期指标值
维持农业部……科学观测实验站基本的水电、管理、维修维护等基本运行状态的基本需求。	实验站水电运行状态	水电维修维护	维持正常运行
	实验站管护管理运行状态	门卫和打扫卫生人员	维持正常运行
	实验站仪器设备运行状态	仪器设备维修维护	维持正常运行
	实验站农机具设备运行状态	农机具维修维护	维持正常运行
	实验站网络运行状态	网络网站维修维护	维持正常运行
	实验站新建房维修维护	功能用房维修维护	维持正常运行
	实验站物业管理	物业管理	维持正常运行
	人员培训提升能力		每年××至××人次

五、经费预算

项目20××至20××年共申请经费××万元，每年申请××万元。年度项目经费预算包括：状态维护费用××万元；基本运行费用××万元；功能保障费××万元。

（一）状态维护费用

状态维护费用包括实验站基础设施的维护费用、长期在线监测设施维护费用、实验机械设备维护费用，状态维护费用××万元。

1. 实验站基础设施的维护费用

维护田间试验……、……围栏、……维护约需要××万元；……维修、……场约需要××万元；实验站……设施、……处理设施、……设施等维护费用××万元。该项小计××万元（含维修费用及需用材料××万元、人工费××万元。）

2. 长期在线监测设施维护费用

目前，实验站已经购置配备了大量的……监测仪器，如……监测仪、……分析仪、……采样器、……分析仪、……等，以及前期安装的……观测站共××台套，总价值超过××万元，年监测设施维护费用需要××万元。

3、实验机械设备维护费用

实验机械主要包括……机具、……车等，试验机械设备维护费用××万元。

状态维护费用总计××万元（含维修维护费用及必要的材料费××万元及人工费××万元）

（二）基本运行费用

包括设施系统维持最低限度运行所需的办公设施维护、网络通信、水电油气、物业管理、低值易耗品、租赁、聘用人员等基本消耗与运行管理费用，基本运行费用预算××万元。

1. 办公设施维护

包括试验室和办公室的……机共××套，维护费用为××元/套，……设备维护费××万元；……系统的维护，总建筑面积约××平方米，维护费用约为××元/平米，水电系统维护费用为××万元。每年需办公设施维护费××万元。

2. 网络通信费

（1）网站运行维护：维护农业部……科学观测实验站网络平台费用，包括域名使用费、网站开发费、系统维护费、……维护费等，每年约需××万元。

（2）数据库建设与维护：野外试验数据汇总与分析数据库的建设和维护费用，包括数据库建库费用、……费用、数据库维护费用等，每年约需××万元。

（3）宽带/无线网络服务费：有线宽带服务费，××元/端口/年，共需××个端口，小计××万元。

网络通信费总计××万元。

3. 水费

实验站包括××个功能实验室，每个功能实验室每天平均用水量按××吨计算，每月工作××个工作日，每年按××个月计算，全年需用水量××吨；宿舍和食堂需水量以每人每天××升计算，全年常驻实验站共××人（××人职工和××个研究生），另××个职工平均年在站××个月，全年共需××吨；合计需水××吨，据《……关于调整……的通知》（……物价〔20××〕××号）文件，……市的水费标准××元/吨计算，水费全年需××万元。

4. 电费

电费包括试验用电和生活用电两个部分。其中，基地配置的长期运行的……仪器设备××台套，平均功率按××kw，每月运行××个工作日，每个工作日××小时运行，全年运行××个月来计算，全年试验用电共××万度；以……市人均生活用电量××度电计，基地全年生活用电量为××度；根据《……关于调整……的通知》（……物价〔20××〕××号）文件规定，每度电按谷峰平均值××元/度，共需××万元。

5. 燃油费

试验以采样车每月往返基地和流域内河流水质监测网点之间路程平均××公里计，油耗以××升/百公里计，……市××号汽油价格为××元/升，全年约需××万元；实验站各种拖拉机、播种机等农机具年消耗燃油费××万元。燃油费总计××万元。

6. 物业管理费

物业管理包括实验台站的门卫××名和清洁工××名，按照平均年工资水平为××元，垃圾清运费××万元/年；全年物业管理费用约为××万元。

7. 低值易耗品费用

包括生活和生产过程中发生的低值易耗品，全年约需易耗品费用××万元。

8. 租赁费

……机、……机、……车等部分农机具租赁费××万元。

9. 临时人员聘用费

长期聘用田间试验和样品采集管理人员××名及技术人员××名，两人平均工资××元/月（……市人平均年工资水平为××元），费用小计××万元。

每季播种、收获临时用工，以及试验前处理、土壤、水质、作物等取样，总共约聘请当地农民工××人次/年，按照地方标准每人次每天××元，费用小计××万元。

上述两项临时用工费用约为××万元。

基本运行费用总计××万元。

（三）功能保障费

功能保障费主要包括提升设施系统功能所必需的技术升级、小型仪器设备购置与更新改造，功能保障费预算为××万元。

1. 提升设施系统功能所必需的技术升级费用

实验站网站升级，包括……等系统建设。另外，试验数据库升级主要包括……升级，以及……接口建设。必需的技术升级费用××万元。

2. 小型仪器设备购置与更新改造费用

包括小型实验设备、辅助实验设备的购置，如……等小型设备，以及部分自制设备的更新改造等。费用预计需要××万元。

3. 人员培训和技术交流费用

由于仪器设备更新、人员变动以及仪器设备改造升级等原因，人员的设备使用操作需要进行相应的技术培训，费用预计每年××元××人次＝××万元。

功能保障费为××万元。

六、主要结论

本项目的实施有利于农业部……科学观测实验站的正常运行，使之能够紧密围绕……等学科发展，解决……问题、支持……战略需求、追踪……发展的前沿，发挥……的核心作用，承担……科技项目，解决……科技问题，为……有力的科技支撑。

5.12.2　农业部重大专用设施运行费（延续）

××××中心运行费
项目申请报告

项目名称：……中心运行费
依托单位：……院……研究所
负 责 人：……
联 系 人：……
联系电话：××
电子信箱：……

20××年××月××日

一、项目基本情况

（一）概况

……中心是《国民经济和社会发展第十一个五年规划纲要》和自主创新基础能力建设“十一五”规划中确定的重大科技基础设施之一。

……中心于20××年获得国家发展和改革委员会的立项批复（国家发展和改革委员会发改高技〔20××〕××号），20××年××月开始动工，于20××年××月投入试使用。

……中心项目建设单位为……院，管理依托单位是……院……研究所。中心主体建设地点位于……，主要建设内容为……共计××平方米，购置仪器设备××台/套、……等××台套。项目核定总投资××万元，其中建筑安装工程费用××万元，仪器设备购置费××万元，试验台通风柜购置费××万元，工程建设其他费用××万元，预备费××万元。资金来源为中央预算内投资××万元，农业部配套××万元。

（二）……中心的功能区划

1. 功能区划

……中心主体实验楼建筑面积××平方米，为 ××层框架剪力墙结构，地上××层，地下××层。一层……；二层……；三层……；……；地下二层……。

2. 各功能区功能

（1）……设施。

……

①……实验室及温室（……安全××级）。

②……实验室及温室（……安全××级）。

……

（2）……实验室。

……

①……实验室。

……

②……研究室。

……

③……研究室。

……

（3）……信息中心。

……

（4）公用技术平台。

……

（5）办公室。

……

（6）实验辅助设施。

……

（7）公用设备间。

……

（三）功能定位

……

（四）运行费主要用途

……中心的运行经费主要用于维持中心正常的运行，具体用途包括状态维护费、基本运行费、功能保障费等。

1. 保证设备利用率

20××年试运行期设备利用率达到××%；运行初期设备设施利用率达到××%，设备设施完好率到达××%；20××年后设备设施利用率到达××%，设备设施完好率保持在××%以上。（备注：利用率=实际使用工时/核定使用工时）

2. 维护仪器设备设施完好率

维持室内仪器设备和设施完好率大于××%，野外设备设施完好率大于××%（备注：完好率=仪器故障停机工时/核定使用工时）。

3. 取暖、保洁等费用

除仪器设备运行水电等费用，冬季取暖和日常保洁等需要……。

（五）20××年试运行至今的经费情况

1. 20××年运行费使用情况

20××年获批……中心运行费××万元，项目经费单独核算、专款专用，在资金使用上严格执行相关财务制度，具备了相对完善的财务管理、会计核算及资金使用等内部控制制度。

2. 20××年运行费使用情况

具体开支如下：

序　号	科目名称	20××年支出情况
1	材料费	××
2	维修费	××
3	测试化验加工费	××
4	水费	××
5	电费	××
6	取暖费	××
7	印刷费	××
8	邮电费	××
9	劳务费	××
10	物业管理费	××
11	其他	××
12	合计	××

（六）20××年试运行以来取得的成果

……

二、20××年预算情况

20××年申请……中心运行费××万元。其中：状态维护费××万元，基本运行费××万元，功能保障费××万元。

三、20××至20××年财政规划情况

结合20××年运行费超出获批经费的实际情况，特申请20××至20××年……中心运行费合计××万元。其中：20××年××万元，20××年××万元，20××年××万元。

（一）20××年预算

1. 项目主要内容

20××年……中心的运行经费主要用于维持中心正常的运行，具体用途包括状态维护费、基本运行费、功能保障费等。

2. 必要性和可行性

必要性

……

可行性

……

3. 经费需求和测算说明

20××年申请……中心运行费××万元。其中：状态维护费××万元，基本运行费××万元，功能保障费××万元。具体测算依据如下。

（1）状态维护费××万元。

①……设施维修和保养费××万元。

……设施位于实验楼××层，总面积××平方米，由……实验室及温室、……实验室及温室及其辅助工作区（包括清洁衣物更换间、淋浴间、消毒洗涤间和监控室等）、温室外围护走廊和设备机房组成。……实验室及温室面积××平方米，包括××间××至××平方米的核心工作室、××间××至××平方米的隔离温室、××平方米保种库及辅助工作区；……实验室及温室面积××平方米，包括××间××至××平方米的核心工作室、××间××至××平方米的隔离温室、××平方米的保种库及辅助工作区。主要设施包括……结构、××套计算机控制系统、××套自动控制系统、××套动力控制柜、××套空调机组、××套排风机组、××套送排风系统、××套给排水系统、××套实验室电气系统、××套高温灭菌设备、××套风铃系统。

a. ……设施设备维护费××万元

××套计算机控制系统软件全面更新（××年××次）：每套××万元，合计：××万元/套××套＝××万元；

××套自动控制系统日常维修与保养费：每套××万元，合计：××万元/套××套＝××万元；

××套动力控制柜保养费：每套××万元，合计：××万元/套××套＝××万元；

××套空调机组保养费：每套××万元，合计：××万元/套××套＝××万元；

××套送风机组保养费：每年清洗和保养××次，每套××元，合计××万元/套××

套=××万元；

××套排风机组保养费：每年清洗和保养××次，每套××元，合计××万元/套××套=××万元；

××套给排水系统维护、清洁费：每套××万元，合计：××万元/套××套=××万元；

××套特种温室结构维护费：每套××万元，合计：××万元/套××套=××万元

……、……系统、……设备维护和清洁费、风铃系统等维护费××万元。

b. 其他维护费××万元

……实验室及温室高效过滤器更换费用：××万元。

②公用技术平台及公用设施状态维护费××万元。

a. 公用技术平台仪器维护费××万元。

……中心公用技术平台现有仪器设备××台套。因……中心仪器设备均为近期采购，但到20××年以后绝大部分都将超出保修期，参照目前仪器厂商工程师上门定期维护保养（不含高值配件更换）按合同额××至××%的取费标准，长时间工作和有传动部件的设备按仪器价值的××%计算；……仪器等不易损坏的设备按照仪器价值的××%计算，共计××万元。

b. 中央纯水系统维护××万元。

……中心设有中央纯水系统，供应……实验室和人工气候室的加湿用水以及实验用纯水。设备每三个月维护一次，并更换保安过滤器滤芯，含人工费及××元以下零部件的更换，费用××万元/年；根据系统使用需要，应定期更换……膜及抛光树脂，费用约××万元/年；维修、更换易损件系如统电器、管件、阀门、传感器等××万元/年；

c. 人工气候室维护费××万元。

公用技术平台××套高性能人工气候室，须对初、中效过滤器定期更换及对空调系统、控制系统和加湿电极进行定期维护，含人工和××元以下零部件更换，费用××万元/年；维修、更易损件如补光灯、电器元件、管件、阀门、传感器等××万元；

（2）基本运行费××万元。

①……设施基本运行费共计××万元。

a. 水电费××万元。

水费××万元：……实验室及温室共用洗涤用水××立方米/年，××元/立方米，水费=××立方米××元/立方米=××万元。

电费××万元，其中：

……实验室及温室用电××万元：包括实验室空调系统、……空调系统、温室外走廊××台风冷模块冷热水机组，机组夏季制冷××天，每天××小时，冬季制热××天，每天××小时；辅助电再热投入××天，春、秋过度季节××天，其中需要制热时段折合为××天，每天××小时，需要制冷时段折合为××天，每天××小时，其他为××天；空调水泵耗电××kW；

……实验室及温室用电××万元：包括实验室空调系统、……空调系统、温室外走廊××台风冷模块冷热水机组，其中××套特种温室空调系统功率比……实验室特种温室空调系统功率高××%，机组夏季制冷、冬季制热时间与……实验室相同；辅助电再热

时间与……实验室相同；空调水泵耗电××kW；

温室外走廊用电××万元；

……实验室主要仪器用电××万元，主要包括：

生物安全柜功率××kW，××个实验室各××台，共××台，按每天运转××小时计算，工作××天，用电××万元；

超低温冰箱功率××kW，共××台，按每天运转××小时计算，工作××天，用电××万元；

人工气候箱功率××kW，××个实验室各××台，共××台，按每天运转××小时计算，工作××天，用电××万元；

其他仪器总功率×× kW，××个实验室，按每天运转××小时计算，工作××天，用电××万元。

b. 低值易耗品××万元。

……隔离实验室个人防护用品和日常办公低耗品××万元：包括……服××元/套（寿命××至××次）、手术衣××元/套、袜套××元/套、佩戴防护镜××元/个、一次性口罩和一次性手套。

实验室工作人员每天进入××次，每次均更换灭菌后的防护服；每日工作结束后集中将……服经高压灭菌后取出清洗干燥备用，因此每人需准备防护服××套；共有××间实验室，每年工作××天，平均每个试验持续时间××个月，按每年承接××个试验，每个实验室通常进入××名工作人员，计每年需为××人配置或更换防护服，合计××万元。

防护镜可在一个试验周期内重复使用，计每年需为××人配置，合计××万元

一次性 3M 1827 口罩××元/个，每次进入实验室均需佩戴，需××万元；

一次性 PE 手套××元/个，在实验室内平均每小时更换××次，计××万元；

实验室专用高温高压灭菌袋：每次试验的废弃物均要求在当次结束时收集到灭菌袋中并经湿热灭菌后运出实验室。常用规格为 400 * 350mm 袋××元/个，600 * 350mm 袋××元/个，600 * 550mm 袋××元/个，1 000 * 550mm 袋××元/个，需××万元；

办公打印纸、硒鼓等低耗品××万元；

②公用技术平台及公用设施基本运行费××万元

a. 水、电、取暖费××万元

水费××元/立方米，共计××万元，其中：

公共用水费××万元：每年公共用水××万立方米，水费××万元；

电费××元/kWh，共计××万元，其中：

电梯电费××万元（从早××点开始计算）：电梯××部，××部××kW ，××部××kW ，半开半停，××万元；

照明电费××万元（从早××点开始计算）：

根据财教〔2011〕434 号文及现行科研财务制度，课题研究开发过程中，相关大型仪器设备、专用科学装置等运行发生的可单独计量的消耗可列入项目经费，照明用电量不能单独计量，故不能纳入项目经费支出。因此……中心照明用电应纳入基本运行费支出。

实验室与办公室区域照明总功率××kW。按每天使用××小时，工作××天计算，用电××万元；

仪器设备电费××万元：

公用技术平台共有大型仪器设备××台套，装机总功率×× kW，根据测算，共计用电××万元；

……等设施：××台雷达及××台诱虫灯总功率共×× kW，年用电××万元；

取暖费××万元：

……中心扣除人防、中厅、走廊和地下二层未使用面积，目前供暖面积约为××平方米，××元/平方米（提前供暖，迟后停暖，含价差），取暖费××万元；

b. 物业管理费××万元。

……中心总建筑面积××平方米，根据《中央国家机关办公楼（区）物业管理服务收费的指导意见》（国管改字〔2001〕154 号）、《中央国家机关办公楼（区）物业管理服务基本项目收费参考标准》（国管改字〔2002〕63 号）及……市发改委公布的《……市物业服务收费管理办法》，按平米收取物业管理费，包括：

房屋日常养护维修费 = ××元/月/平方米××平方米××月 = ××万元；

传达、保安、秩序管理费 = ××元/月/平方米××平方米××月 = ××万元；

消防设施设备运行维护费 = ××元/月/平方米××平方米××月 = ××万元；

c. 低值易耗品××万元，其中：

维修工具××万元：包括电钻、电焊、扳手、升降机、改锥、尖嘴钳等维修工具；

中央纯水系统软水器再生盐××万元：每处理××吨原水需对软水器再生一次，每次消耗再生盐××kg，再生盐××元/kg，再生盐费用××万元。

d. 聘用人员××万元

中心拟聘用专业技术人员××人，其中：大型分析仪器操作管理××人，人工气候室及中央纯水系统管理××人；……实验室管理××人，工资××元/月（含五险一金），工资总额××万元；

（3）功能保障费××万元

公用技术平台及公用设施人员培训交流等费用××万元。

4. 本年度分阶段实施计划

20××年度运行费实施计划与进度安排　　单位：%

经济分类	1—4 月	5—9 月	10—12 月	合计
维修费	××	××	××	100
低值易耗品	××	××	××	100
其他	××	××	××	100
水费	××	××	××	100
电费	××	××	××	100
取暖费	××	××	××	100

（续表）

经济分类	1—4 月	5—9 月	10—12 月	合计
物业管理费	××	××	××	100
劳务费	××	××	××	100

5. 本年度预期目标和考核指标

（1）预期目标。

中心全面顺利运行，各项日常工作正常运转，在提高……能力等方面发挥积极作用。

（2）考核指标。

培养在国内外具有较大影响力的优秀人才××至××名；发表科研论文××篇，其中SCI 收录期刊发表××篇左右，申请专利××项。

6. 其他需要说明的问题

无。

5.12.3 农业部重大信息平台构建及运维专项经费

一、立项依据与主要内容

1. 立项依据

……

2. 主要内容

……监管系统，包括以下子系统：

①……子系统；②……子系统

③……子系统；④……子系统

二、项目支出实施方案

1. 实施方案

……

2. 可行性

……研究所，……

三、项目支出计划

序 号	预算年度	资金来源		
		小计	支出计划	上年结转
1	20××年	××	××	××
2	20××年	××	××	××
3	20××年	××	××	××

四、项目支出经济分类预算

单位：万元

经济分类大类	具体经济分类	20××	20××	20××
商品和服务支出	〔30201〕办公费	××	××	××
	〔30202〕印刷费	××	××	××
	〔30203〕咨询费	××	××	××
	〔30204〕手续费	××	××	××
	〔30205〕水费	××	××	××
	〔30206〕电费	××	××	××
	〔30207〕邮电费	××	××	××
	〔30208〕取暖费	××	××	××
	〔30209〕物业管理费	××	××	××
	〔30211〕差旅费	××	××	××
	〔30212〕因公出国（境）费用	××	××	××
	〔30213〕维修（护）费	××	××	××
	〔30214〕租赁费	××	××	××
	〔30215〕会议费	××	××	××
	〔30216〕培训费	××	××	××
	〔30217〕公务接待费	××	××	××
	〔30218〕专用材料费	××	××	××
	〔30224〕被装购置费	××	××	××
	〔30225〕专用燃料费	××	××	××
	〔30226〕劳务费	××	××	××
	〔30227〕委托业务费	××	××	××
	〔30228〕工会经费	××	××	××
	〔30229〕福利费	××	××	××
	〔30231〕公务用车运行维护费	××	××	××
	〔30239〕其他交通费用	××	××	××
	〔30240〕税金及附加费用	××	××	××
	〔30299〕其他商品和服务支出	××	××	××
	合计	××	××	××

（续表）

经济分类大类	具体经济分类	20××	20××	20××
	〔31003〕专用设备购置	××	××	××
	〔31099〕其他资本性支出	××	××	××
	合计	××	××	××
合计		××	××	××

五、项目支出明细

1. 硬件设备购置：总体描述购置方式、购置的需求、使用的范围、购置的对象

子活动	对子活动的描述	数量/频率	分项支出	价格/标准	支出计划（万元）	备注
Dell 服务器购置	饲料质量安全监测信息上报子……系统、进口饲料许可证信息管理……子系统、饲料检测实验室管理子系统、生鲜乳质量安全监测信息上报子系统、生鲜乳收购站管理子系统、种用奶牛引进审批管理……子系统共用3台服务器，根据《中华人民共和国企业所得税法实施条例》第六十条规定，电子设备折旧为3年，每3年需要更新应用程序服务器、数据库服务器、存储备份服务器	××台/××年	信息网络及软件购置更新	通过市场询价，适合我处系统使用的 Dell 服务器价格在××到××之间，取中间价为××元/台	××	
Dell 服务器托管	饲料质量安全监测信息上报……子系统、进口饲料许可证信息管理……子系统、饲料检测实验室管理子系统、生鲜乳质量安全监测信息上报子系统、生鲜乳收购站管理子系统、种用奶牛引进审批管理……子系统应用程序服务器、数据库服务器、存储备份服务器的托管	××台/年		服务器托管于农业部信息中心，合同价为××元/台．年	××	

2. 软件维护：需要维护的系统范围、维护频率、承接主体

子活动	对子活动的描述	数量/频率	分项支出	价格/标准	支出计划（万元）	备注
……子系统	纠错性维护，适应性维护，完善性维护或增强，预防性维护，机架式服务器的加电运行、看护、除尘，运行日志填写，安装调试驱动程序、设备运行状况观察、接口测试；服务器硬件测试、设置，备份配置文件；零部件更换，排除处理修复等。操作系统、办公软件、数据库软件、备份软件技术支持及服务、修复、升级、检测维护，更新补丁。专用 B/S 结构软件技术支持及服务、软件安装、修复、功能性测试、系统性测试，功能性升级、资料数据更新。	××人/天	维修（护）费	××元/人．天	××	
……子系统	……	××人/天	维修（护）费	××元/人．天	××	
……	……	××人/天	维修（护）费	××元/人．天	××	

六、绩效目标

中期总体目标：通过……系统的改造升级和应用，提高……能力和效率，更好地提升政府形象。

	一级指标	二级指标	三级指标	指标值
绩效指标	产出指标	质量指标	信息管理系统软件基本满足需求	易操作、系统稳定、信息易查询和统计
	效益指标	社会效益指标	饲料及生鲜乳质量……安全监测、监管能力提升，效率提高。提高政府公信力。	
满意度指标	满意度指标	服务对象满意度指标	……司……处……满意度	基本满意
	满意度指标	服务对象满意度指标	……办公室……满意度	基本满意
	满意度指标	服务对象满意度指标	各省饲料、生鲜乳质检……机构满意度	基本满意

年度绩效目标：起草……技术规程并进行相应的技术示范；提出……标准。协助建设粪污堆肥发酵场××座，培训……方法。培训……技术，培养××名当地技术人员；继续指导……技术人员××人、……人员××人、……人员××人。

	一级指标	二级指标	三级指标	指标值
绩效指标	产出指标	质量指标	信息管理系统软件基本满足需求	易操作、系统稳定、信息易查询和统计
	效益指标	社会效益指标	饲料及生鲜乳质量……安全监测、监管能力提升，效率提高。提高政府公信力。	
满意度指标	满意度指标	服务对象满意度指标	……司……处……满意度	基本满意
	满意度指标	服务对象满意度指标	……司……管理办公室……满意度	基本满意
	满意度指标	服务对象满意度指标	各省饲料、生鲜乳质检……机构满意度	基本满意

5.13　修缮购置专项

注：（中央级科学事业单位修缮购置项目申报模板与农业修缮购置申报模板基本一致，农业修缮购置申报可参照此模板编报）

中央级科学事业单位

修缮购置项目申报书

项目单位：……院……研究所（盖章）
单位预算编码：××××××
法人代表：……（签字）
主管部门：……
申报时间：××年××月××日

中华人民共和国财政部制

填表说明

1. 本申报书由项目单位填写。一式4份，单位自留1份，上报主管部门1份，经初审后上报财政部2份。如果主管部门另有需求，印制数量可酌加。

2. 表1-1中，联系人指项目单位修购项目实施的主要负责人或项目办公室主要负责人。“科研队伍”“仪器设备”等相应栏目填报的数据均截止到上一年12月31日为准。“项目单位及项目情况概述”要求文字简洁，尽可能以量化的数据进行阐述和说明。涉及所申报项目内容，应该分明细项目逐一阐明。

3. 表1-3中的“建筑面积”指所申报修缮项目涉及的原建筑物的总建筑面积，“修缮面积”是指所申报修缮项目涉及的建筑面积。

4. 表1-4中“投入使用时间”指拟改造的基础设施建成后投入使用的年份。

5. 表1-5中的“仪器设备名称”仅填写价值5万元以上仪器设备，即仪器设备购置项目只允许购置价值5万元以上仪器设备。

6. 表1-6中的“购置时间”和“原值”指拟要升级改造的仪器设备的购置时间及原值。

7. 表1-3、表1-4、表1-5、表1-6中，“项目编号”由“单位预算编码+项目类别码（1位）+项目顺序码（2位）”组成，其中项目类别码分别规定为：1-房屋修缮，2-基础设施改造，3-仪器设备购置，4-仪器设备升级改造；项目顺序码分项目类别顺序编排，但填表时，项目编号只填写后三位；“总体排序”指项目单位对所申报的4类项目全部汇总后按项目轻重缓急排定的优先顺序；“实施周期”指项目从启动到结束所需要的总时间，以月为单位。

8. 表1-7是对表1-3、表1-4、表1-6相关栏目的补充，其中的“项目编号”“项目名称”和“项目类型”与表1-3、表1-4、表1-6中的相关栏目完全对应。“项目主要内容”分别是表1-3“修缮工作内容摘要”、表1-4“主要改造内容摘要”和表1-6“利用的主要技术和升级改造的主要内容摘要”等相应栏目内容的进一步细化，对于仪器设备升级改造项目应列出升级改造设备名称、规格及型号、升级改造技术方案和内容等。“项目支出明细预算”中的支出细目包括：“原材料”“辅助材料”“设备购置费”“人工费”“水电动力费”“设计费”“运输费”“安装调试费”“其他费用”等，可根据不同类别项目分别选填和划分开支细目。表1-7可续页。

表 1-1　项目单位基本情况表

<table>
<tr><td colspan="2">单位名称</td><td colspan="2">……</td><td>所属部门</td><td colspan="2">农业部</td></tr>
<tr><td rowspan="3">人员信息</td><td>人员</td><td>姓名</td><td>职务</td><td>联系电话</td><td>电子邮箱</td><td>联系地址</td></tr>
<tr><td>法人代表</td><td>……</td><td>所长</td><td>××</td><td>……</td><td>……</td></tr>
<tr><td>联系人</td><td>……</td><td>……</td><td>××</td><td>……</td><td>……</td></tr>
<tr><td rowspan="4">科研队伍</td><td colspan="2">编制（人）</td><td colspan="2">××</td><td>实有（人）</td><td>××</td></tr>
<tr><td colspan="2">专职科研人员（人）</td><td colspan="2">××</td><td>离退休（人）</td><td>××</td></tr>
<tr><td colspan="2">35~50 岁中青年科研人员（人）</td><td colspan="2">××</td><td>院士（人）</td><td>××</td></tr>
<tr><td colspan="2">在读博士生（人）</td><td colspan="2">××</td><td>在读硕士生（人）</td><td>××</td></tr>
<tr><td rowspan="6">仪器设备</td><td colspan="2" rowspan="2">分类统计</td><td colspan="2">数量（台件）</td><td colspan="2">原值（万元）</td></tr>
<tr><td>总量</td><td>其中：在用</td><td>总量</td><td>其中：在用</td></tr>
<tr><td colspan="2">总计</td><td>××</td><td>××</td><td>××</td><td>××</td></tr>
<tr><td colspan="2">其中：10 万~50 万元</td><td>××</td><td>××</td><td>××</td><td>××</td></tr>
<tr><td colspan="2">50 万~100 万元</td><td>××</td><td>××</td><td>××</td><td>××</td></tr>
<tr><td colspan="2">100 万元以上</td><td>××</td><td>××</td><td>××</td><td>××</td></tr>
<tr><td rowspan="6">科技经费</td><td colspan="2" rowspan="2">时期</td><td colspan="2">前五年期间</td><td colspan="2">上一年</td></tr>
<tr><td>项目数（项）</td><td>经费（万元）</td><td>项目数（项）</td><td>经费（万元）</td></tr>
<tr><td colspan="2">总计</td><td>××</td><td>××</td><td>××</td><td>××</td></tr>
<tr><td colspan="2">其中：纵向</td><td>××</td><td>××</td><td>××</td><td>××</td></tr>
<tr><td colspan="2">横向</td><td>××</td><td>××</td><td>××</td><td>××</td></tr>
<tr><td colspan="2">国际合作</td><td>××</td><td>××</td><td>××</td><td>××</td></tr>
<tr><td rowspan="8">科技成果</td><td colspan="2"></td><td colspan="2">前五年期间</td><td colspan="2">上一年</td></tr>
<tr><td colspan="2">国家科技进步奖（项）</td><td colspan="2">××</td><td colspan="2">××</td></tr>
<tr><td colspan="2">国家技术发明奖（项）</td><td colspan="2">××</td><td colspan="2">××</td></tr>
<tr><td colspan="2">省部科技进步奖（项）</td><td colspan="2">××</td><td colspan="2">××</td></tr>
<tr><td colspan="2">省部技术发明奖（项）</td><td colspan="2">××</td><td colspan="2">××</td></tr>
<tr><td colspan="2">鉴定新药证书或申请新品种保护（项）</td><td colspan="2">××</td><td colspan="2">××</td></tr>
<tr><td colspan="2">申请国家专利（项）</td><td colspan="2">××</td><td colspan="2">××</td></tr>
<tr><td colspan="2">发表 SCI 论文（篇）</td><td colspan="2">××</td><td colspan="2">××</td></tr>
</table>

表 1-2　项目基本情况表

	项目类型　经费来源	总计（万元）	中央财政（万元）	主管部门（万元）	其他（万元）
项目申请经费	总　计	××	××	××	××
	房屋修缮	××	××	××	××
	基础设施改造	××	××	××	××
	仪器设备购置	××	××	××	××
	仪器设备升级改造	××	××	××	××

项目基本情况概述

项目单位基本情况概述：

（项目单位科研队伍和技术力量情况，承担课题情况，项目与单位科研任务的关系，项目实施的预期效益等。）

一、……现状及存在问题

……

二、仪器设备类需求

……

三、项目具体内容及目标

（一）公共安全项目：……修缮

对建于××××年的……进行修缮，全楼建筑面积约××平方米，框架结构。其中××至××层为书库，××至××层为……。本次申请修缮的主要内容如下：①更新外墙，屋顶防水保温更新；②更换××至××层门，更换××至××层窗；③粉刷内墙，顶棚，打磨地面，部分地面做防静电处理；④更换灯具，电线线路改造；⑤更新上下水管道；⑥供暖系统改造；⑦安装温湿度调控设备；⑧电梯大修；⑨安装消防系统；⑩图书检索系统配备及内部架柜拆除更新等。

修缮后……。

（二）公共安全项目：……系统改造

进行全所范围的……系统改造。涵盖……区域包括：……等，总面积达××平方米的建筑物及其周边等。该……系统建成后，将……

（三）人才引进项目：……研究仪器设备购置

围绕研究内容，该项目拟购置 Nanodrop 微量光度……计、Millipore 纯水……仪、ABI 定量 PCR……仪、荧光体式……镜、荧光……显微镜、振动切片……机、植物光照……培养箱（××台套）、超低温冰……箱、NBS 摇床、紫外/可见光谱仪、全温摇瓶柜（2 组）、研磨仪……等××台（套）仪器。其中超低温冰……箱拟购置进口设备，因为该仪器拟用于土壤植物互作过程中的土壤样品……储存，单个样品量微小，样品中的植物与微生物互作的形态等状况……极易受到外界环境变化的影响，其对保存环境的要求条件高，进口超低温冰……箱的稳定性好于国内的同类设备，能最大限度地保留土壤植物互作过程中的植物及微生物……形态状况，最大限度保证了后期的土壤植物互作样品的蛋白及核酸……提取，以及土壤植物互作的显微……观察。其中紫外/可见光谱……仪拟购置进口设备，因为进口仪器的波长范围（190～1 100mm）……大于国产同类仪器（200nm～1 000nm）……，更符合我们研究土壤、植物、肥料中多种类抗生素和除草剂的……检测的需要；同时进口仪器的波长……最大允许误差（±0. 1nm）……小于国产仪器（±2nm）……，其波长……重复性（±0. 1nm）……低于国产仪器（≤1nm）……，光谱带宽（2nm）……窄于国产仪器（4nm）……，可有效提高检测精度，避免其他干扰。

（四）人才引进项目：……研究仪器设备购置

……

（五）人才引进项目：……研究仪器设备购置

……

（续表）

项目基本情况概述	四、项目实施安排 （一）修缮改造类项目 项目拟于20××年××月—××月进行项目概算、初步设计、完成实施方案上报等；××—××月针对项目内容招投标、签合同、准备施工等；××至××月，施工；××至××月，竣工，结算。 （二）仪器购置类项目 项目拟于20××年××—××月完成实施方案上报、进口仪器申报等工作；××—至××月针对项目内容招投标、签合同等；××至××月，仪器陆续到所，调试并试运行，财务及固定资产入账等；××至××月，仪器全部到货，结算，准备验收等。 五、项目实施的保障条件： 所有项目建设地点位于北京市海淀区……号……院院内。研究所拥有所有楼房的产权，交通通讯条件便利，周边环境基础条件良好，供水供电条件具备，满足项目建设需求。 项目实施将严格按照国家有关规定执行，将招投标制、工程监理制、合同管理制、跟踪审计制等制度落实到位，保证项目顺利执行。研究所已有一套比较完善的中央级科学事业单位修缮购置项目管理制度。为保证项目顺利建设实施，为实现项目管理规范化、制度化、科学化，提高修购项目资金的使用效益，研究所已成立修购专项工作领导小组，项目领导小组由所长、分管副所长和职能部门主管处长及工作人员组成。领导小组的职责是全面负责项目的组织与领导，协调各部分之间的分工与合作，对项目执行过程中的技术路线设计、招标合同、资金使用的重要环节进行全程监管，确保项目质量。项目立项后，研究所还将成立由平台建设……管理处牵头的项目实施小组，负责组织项目实施和日常管理等。 项目资金实行专账专人管理，专款专用。每一笔款项的支出都由项目负责人、平台……处经办人、主管处长、主管所长层层审核并签字，最后经财务处审核才能拨付。同时，加强内部审计，实行跟踪审计制度，加强资金的使用管理。 六、验收标准： 参照项目实施方案的要求，完成项目任务，专款专用，严格按照国家有关规定执行，按时保质保量完成项目。修缮后××……的外观将焕然一新，内部储藏、办公等条件得到极大改善。将能满足、保证未来××年我所科学研究增长的资料、图书、档案的保藏需要。保证所有库房功能齐全，布局合理，保证电路、温湿度调控设备等正常使用，新配备的图书检索系统将使科研人员查阅相关资料方便、快速、全面。……系统建成后，将……

表 1–3　房屋修缮类明细项目表

项目编号	项目名称	建成时间	建筑面积（m^2）	修缮面积（m^2）	修缮工作内容摘要	实施周期（月）	经费申请数（万元）							总体排序
							合计	中央财政				主管部门	其他	
								小计	2016 年	2017 年	2018 年			
—	合计	—	××	××	—	—	××	××	××	××	××	××	××	—
20××P01	公共安全项目：……修缮	19××	××	××	修缮建于 19××年的资料库约××平方米：更新外墙、重做屋顶防水和保温；更换门窗；粉刷内墙、顶棚；更换灯具，改造电线线路；更新上下水管道，改造供暖系统；安装湿度调控设备；安装消防系统，地面更新，电梯检修，配备升级图书检索系统等	××	××	××	××	××	××	××	××	××

表 1–4　基础设施改造类明细项目表

项目编号	项目名称	投入使用时间	主要改造内容摘要	实施周期（月）	经费申请数（万元）								总体排序
					合计	中央财政				主管部门	其他		
						小计	××年	××年	××年				
—	合计	—	—	××	××	××	××	××	××	××	××		—
20××P201	公共安全项目：……系统改造	2××年	对……楼 ××平方米，……楼 ××平方米，……楼 ××平方米，……楼××平方米，……楼××平方米，……室××多平方米，数据库 ××多平方米，资料库××平方米，及其周边区域等，进行安防监控改造。更新电视监控设备彩色CCD（含半球）、彩色枪……机；安装电视监控设备、电动云台、飞碟摄像机、彩色监视器、光纤发射……器等；敷设电缆，综合布线等	××	××	××	××	××	××	××	××		××

表 1–5　仪器设备购置类明细项目表

项目编号	项目名称/设备名称	规格及型号	产地	主要用途摘要	数量（台件）	实施周期（月）	经费申请数（万元）							总体排序
							合计	中央财政				主管部门	其他	
								小计	××年	××年	××年			
—	合计	—	—	—	××	××	××	××	××	××	××	××	××	—
20××P304	人才引进项目：……研究仪器设备购置				××	××	××	××	××	××	××	××	××	××
	……计	……	美国	……定量分析	××	××	××	××	××	××	××	××	××	—
	……	……	……	……	××	××	××	××	××	××	××	××	××	—

表 1-6　仪器设备升级改造类明细项目表

项目编号	项目名称/设备名称	购置时间	原值（万元）	利用的主要技术和升级改造的主要内容摘要	实施周期（月）	经费申请数（万元）							总体排序
						合计	中央财政				主管部门	其他	
							小计	××年	××年	××年			
—	合计	—	—	—	—								—
401	……项目小计				12 月以内								
1	……设备												—
2	……设备												—
……	……												—
402	……项目小计				12 月以内								
1	……设备												—
2	……设备												—
……	……												—

表 1-7 明细项目主要内容及支出预算补充资料表

项目编号	20××P101	项目名称	公共安全项目：××……修缮
项目类型	■房屋修缮	□基础设施改造	□仪器设备升级改造
项目主要内容	1. 装修工程包括：（1）墙面粉刷××平方米，（2）屋顶顶面粉刷××平方米，（3）地面铺石塑地板共计××平方米，踢脚线××米，（4）窗：原有窗户拆除，新做断桥铝窗户××平方米及纱窗××平方米，（5）门：××至××层原有木门拆除后新做实木门××平方米，新换门锁××套，（6）外墙粉刷共计××平方米，（7）屋面拆除后，做双层 SBS 防水保护层共计××平方米，（8）电梯大修 2. 电气工程包括：（1）拆除：原有配管、配线及灯具、开关、插座全部拆除；（2）新做：按初步设计方案中的管线部位，进行相关布管作业，按国家相应规范要求及甲方需要电气设备进行配线，并按初步设计方案中的相关强电点位布置，照明线选用 BV-2. 5mm^2 电线，动力线选用 BV-4mm^2 电线，按初步设计点位图安装照明开关、空调插座、气体灭火电源等，照明灯具按初步设计图所示灯具进行布置并安装。配管××米，配线共计××米，灯具安装××套，安装开关××个。安装恒温恒湿设备××台。配备图书检索系统及拆除更新部分内部架柜等。 3. 给排水及采暖消防工程包括：（1）给排水管：室内给排水管将原有管道及支架拆除，并将孔洞进行修复，按初步设计方案管道的走向及标高，将给排水管安装到位，给水管采用 PPR 管，排水管采用 U-PVC 管材，均符合国家标准，及生活用水管的规范要求。给排水管道安装共计××米，洗脸盆及龙头安装××套，（2）采暖：因为原有暖气管已经新换好，此次只要把管道连通，保证不会漏水，冬季能正常运行供暖。（3）消防：由于本工程室内存储的全是纸质资料，所以只能做气体（氟丙烷药剂）灭火装置，每层每个房间安装气体灭火装置，并且保证每层都能联动		
申请经费测算依据	一、编制依据 1. 国家相关法律法规； 2. ××……修缮改造的初步设计图纸及竣工图； 3. 2012 年《……市建筑工程预算定额》； 4. 2012 年《……市房屋修缮定额》。 二、概算编制范围 1. ××……修缮项目中的全部建安工程及设备购置。 2. 建安工程主要包括：装饰、给排水、采暖、电气、外墙、消防空调。 三、相关说明 1. 材料、设备价格执行……市 20××年第××期造价信息同时结合市场价格作为参考依据。 2. 人工费综合工日单价参考……市 20××年第××期造价信息人工费单价调整标准。 四、本项目此次修缮资料库总面积约××平方米。具体概算如下： 经费预算总额为××万元。其中工程费××万元（含利润、税金等），设计费××万元（按安装工程费的××%计），监理费××万元（按安装工程费的××%计），其他费用：××万元，含招标代理费、审计费、竣工验收费等，约占安装工程费的××% 1. 拆除工程：拆除原有楼梯踏步塑胶地板，铲除原有墙面、顶面及外墙腻子涂料，拆除××至××层木门及××至××层窗户，拆除屋顶防水及保温，拆除原有管线及灯具，共计××元		

（续表）

项目编号	2016P101	项目名称	公共安全项目：××修缮
项目类型	■房屋修缮　□基础设施改造　□仪器设备升级改造		
申请经费测算依据	2. 装修工程包括：（1）墙面：室内墙面铲除灰皮，重新做粉刷石膏找平待干后，做两遍耐水腻子，面层喷涂三遍乳胶漆××平方米，共计××元；（2）顶面：铲除原有灰皮后粉刷石膏部分找平，刮腻子两遍，喷涂料三遍共计××平方米，共计××元；（3）地面铺石塑地板共计××平方米，踢脚线××米，共计××元；（4）窗：原有窗户拆除，新做断桥铝窗户××平方米及纱窗××平方米，门：××至××层原有木门拆除后新做实木门××平方米，新换门锁××套，门窗共计××元；（5）外墙及屋顶：外墙原有涂料清理，挂网抹灰后挂防裂腻子及弹性腻子，最后喷刷外墙拉毛涂料，现搭设外墙双层脚手架（并做好安全文明措施）共计××平方米，屋面拆除原有保温及防水后先做找平层然后做双层 SBS 防水最后做保护层共计××平方米，外墙及屋顶共计××元。电梯大修费用××元 3. 电气工程包括：（1）拆除：原有配管、配线及灯具、开关、插座全部拆除；（2）新做：按初步设计方案中的管线部位，进行相关布管作业，按国家相应规范要求及甲方需要电气设备进行配线，并按初步设计方案中的相关强电点位布置，照明线选用 BV-2.5mm^2 电线，动力线选用 BV-4mm^2 电线，按初步设计点位图安装照明开关、空调插座、气体灭火电源等，照明灯具按初步设计图所示灯具进行布置并安装。配管××米，共计××元，配线共计××米，共计××元。灯具安装××套共计××元，安装开关××个共计××元。恒温恒湿设备××台共计××元。图书检索系统升级改造××项共计××元 4. 给排水及采暖消防工程包括：……		

	合计	中央财政	主管部门	其他	
项目支出预算明细表	合计	××	××	××	××
	1. 原材料费	××	××	××	××
	2. 设备购置费	××	××	××	××
	3. 人工费	××	××	××	××
	4. 水电动力费	××	××	××	××
	5. 设计费	××	××	××	××
	6. 运输费	××	××	××	××
	7. 安装调试费	××	××	××	××
	8. 其他费用	××	××	××	××

表 1-8 明细项目主要内容及支出预算补充资料表

项目编号	20××P201	项目名称	公共安全项目：……系统改造
项目类型	□房屋修缮 ■基础设施改造 □仪器设备升级改造		
项目主要内容	进行全所范围的××……系统改造。涵盖……研究所各个科研、实验、办公区域包括：……楼、……楼、……楼、东区温网室、数据库、资料库、资源楼、东配……楼等，总面积达××平方米的建筑物及其周边等。 开发……楼建筑面积××平方米，设计安装高清红外半球××台，室内××度旋转高清球机××台，高清红外飞碟摄像机××台。××……楼建筑面积××平方米，设计安装高清红外半球××台，室内××度旋转高清球机 1 台，室外 360 度旋转高清球机××台、高清红外飞碟摄像机××台，高清红外枪机××台。……楼建筑面积××平方米，设计安装高清红外半球××台，室内 360 度旋转高清球机××台，室外 360 度旋转高清球机××台高清红外飞碟摄像机 1 台，高清红外枪机××台。新建东配……楼建筑面积××平方米，设计安装高清红外半球××台，室内 360 度旋转高清球机××台，高清红外飞碟摄像机××台，高清红外枪机××台。……楼建筑面积××平方米，设计安装高清红外半球××台，室内 360 度旋转高清球机××台，室外 360 度旋转高清球机××台高清红外飞碟摄像机××台，高清红外枪机××台。资料……库建筑面积××平方米，设计安装高清红外半球××台，室内 360 度旋转高清球机××台，室外 360 度旋转高清球机××台高清红外飞碟摄像机××台，高清红外枪机××台。东区温网……室建建筑面积约××平方米，设计安装室外高清红外一体摄像机××台。数据……库建筑面积××平方米，设计安装室外高清红外一体摄像机××台。中控室建设在开发楼一层。中控室设备：42 寸高清监视器××台，22 寸高清监视器××台，NVR 网络硬盘录像机××台，分屏切换矩阵××台，服务器××台，网络交换机××台，电视墙一套，操作台××台，机柜××台			
申请经费测算依据	……系统设施项目预算根据主要出入口实时监视、录像、回放，套用……市 20××年相关定额进行编制。 （一）测算依据： 1. ……市水电建筑工程概算定额（2012）。 2. 与工程相关的法律法规以及规范标准等。 （二）经费预算总额为××元。 1. 工程费××元：包括工程定额直接费××元（其中人工费××元），现场××元（临时设施费××元，现场经费××元），企业管理费××元，利润××元，规费××元，税金××元。 其中：主要设备如下：摄像设备（1）××台，单价××元，小计××元；摄像设备（2）××台，单价××元，小计××元；飞碟摄像机××台，单价××，小计××元；彩色监视器（1）××台，单价××元，小计××元；彩色监视器（2）××台，单价××元，小计××元；……，小计××元；视频切换器（嘉安 SP-1632）××台，单价××元，小计××元；服务器（戴尔 R620）××台，单价××元，小计××元。 其他相关工程费用详见概算书。 2. 设计费××元，按安装工程费的××%计； 3. 监理费××元，按安装工程费的××%计； 4. 其他费用：××元，含招标代理费、审计费、竣工验收费等，约占安装工程费的××%。			

		合计	中央财政	主管部门	其他
项目支出预算明细表	合计	××	××	××	××
	1. 原材料费	××	××	××	××
	2. 设备购置费	××	××	××	××
	3. 人工费	××	××	××	××
	4. 水电动力费	××	××	××	××
	5. 设计费	××	××	××	××
	6. 运输费	××	××	××	××
	7. 安装调试费	××	××	××	××
	8. 其他费用	××	××	××	××

5.14　国家外专局引智专项

聘请专家重点和专项项目、高端外国专家项目经费预算表

<table>
<tr><td>项　目　名　称</td><td colspan="6">……系统影响模拟与分析</td><td colspan="2">项目起止年限</td><td colspan="3">20××年××月至 20××年××月</td></tr>
<tr><td>项目总投入
（万元）</td><td colspan="5">××</td><td colspan="3">其中引智经费投入
（万元）</td><td colspan="3">××</td></tr>
<tr><td rowspan="2">引智经费
分年度投入
（万元）</td><td>合计</td><td colspan="2">20××年</td><td colspan="2">20××年</td><td colspan="2">20××年</td><td colspan="2">20××年</td><td colspan="2">20××年</td></tr>
<tr><td>××</td><td colspan="2">××</td><td colspan="2">××</td><td colspan="2">××</td><td colspan="2">××</td><td colspan="2">××</td></tr>
<tr><td rowspan="2">其中分年度申请
国家和地方政府
资助（万元）</td><td>小计</td><td>国家外专局</td><td>地方政府（中央部委）</td><td>国家外专局</td><td>地方政府（中央部委）</td><td>国家外专局</td><td>地方政府（中央部委）</td><td>国家外专局</td><td>地方政府（中央部委）</td><td>国家外专局</td><td>地方政府（中央部委）</td></tr>
<tr><td>××</td><td>××</td><td>××</td><td>××</td><td>××</td><td>××</td><td>××</td><td>××</td><td>××</td><td>××</td><td>××</td></tr>
</table>

预算简要说明（专家已签定协议，每年来华工作××个月，每月工资××万元）：其中工薪：××个月××万元/每月＝××万；国际差旅费：××万元/往返××次＝××万元；食宿费用：（食宿××元/天）××天＝××万元；专家在中国农田野外考察交通费××万元，其他相关费用××万元。引智费用合计：××万元/年。其中申请外专局资助：工资××%，计××万元；其他差旅费和生活费××万元；合计××万元/年。

聘请专家重点和专项项目、高端外国专家项目申请国家外专局资助年度经费预算表

项目名称：……系统影响模拟与分析

序　号	专家姓名	国籍	来华时间	往返次数	工作天数	国际旅费（万元）	食宿交通（万元）	城市间交通费（万元）	零用费（万元）	工薪（万元）		合计（万元）
										总额	申请资助	
1	……	美国	20××	××	××	××	××	××	××	××	××	××
2	……	……	20××	××	××	××	××	××	××	××	××	××
总计						××	××	××	××	××	××	××
批准额度												

聘请专家重点和专项项目、高端外国专家项目简介

项目名称	……系统影响模拟与分析

项目概况：项目背景介绍、国内、国外情况、产品主要用途、主要差距、项目进展情况等。

……。因此，本高端专家项目将重点开展基于……等多源数据的……方法研究，建立……的新模型，研制有关数据产品；在此基础上，分析研究……影响模拟分析平台，定量分析……机理机制，提出有关适应对策

项目申请者长期从事……等方面研究，与非洲、中东、巴西等多国科学家组成的研究队伍开展过长期的合作，研究成果被……银行、……等多家国际机构采用。与项目依托单位开展了多年良好的合作，结合……分布，初步构建了……模型，分析……，并且指导合作发表了高水平 SCI 论文，取得阶段性科研成果

申请单位已积累了大量与本项目有关的工作基础，包括积累了……等多源数据。已在……、……、……、……等 SCI 著名期刊发表多篇关于……的论文。这些工作都为本项目的顺利实施奠定了良好的基础。此项目的资助将……

项目实施单位简介：单位性质、实力、技术水平、同行业地位等

……研究所……

被聘请专家单位简介：单位性质、实力、技术水平、同行业地位以及专家本人情况等。

聘请专家××……高级研究员，现任职……。该研究所成立于 19××年，总部设在……，是由……倡议赞助的非政府国际组织。……的研究重点优先关注……政策问题。该研究所多学科，有着××年以上的研究经验，同时与其他国家和……中心进行合作，与约××个发展中国家有着越来越多的分散合作研究，在……、……等发展中国家设有办事处。

聘请专家是国际知名学者，专长方向主要是……等方面。尤其近年来，将……科学分析方法应用于……分析中，在……模型、……影响评估、……模型等方面做出了世界一流水平的原创性贡献和技术突破。例如在国际上率先建立了……，完成的……已被下载××余次，……分析成果发表于……；研发的……模型……已经被翻译为英语、西班牙语、法语和汉语等××个版本，被……进行应用。20××年获……科学家奖和 20××年……研究所杰出研究员奖。目前，在上述研究领域已经发表……

需要引智工作解决的问题：

引进国际上……的新概念和新模型，建立……模型，实现全国……数据集的研制；弄清……，探索……作用；搭建……系统影响模拟与分析平台。引智工作将推动我国……关键技术突破，更好的服务于政府宏观决策，更好地促进我国……领域有关国家科技专项的顺利开展

对产品评价和市场预测：

通过本项目的实施显著提升……技术水平，缩短与国际先进水平差距，推动……规范发展，为国家……管理提供依据；其……成果作为……等的重要基础，可为……提供……，提高……效率，保障……安全，降低……风险

5.15 企业委托项目

技术服务合同
（含技术培训、技术中介）

项目名称：……综合利用研究

委托人（甲方）：……公司

受托人（乙方）：……院……研究所

签订地点：……省（市）……（区）
签订日期：20××年××月××日
有效期限：20××年××月××日至20××年××月××日

北京技术市场管理办公室

填写说明

一、“合同登记编号”由技术合同登记处填写。

二、技术服务合同是指当事人一方以技术知识为另一方解决特定技术问题所订立的合同。

技术培训合同是指当事人一方委托另一方对指定的专业技术人员进行特定项目的技术指导和专业训练所订立的合同。

技术中介合同是指当事人一方以知识、技术、经验和信息为另一方与第三方订立技术合同进行联系、介绍、组织工业化开发并对履行合同提供服务所订立的合同。

三、计划内项目应填写国务院部委、省、自治区、直辖市、计划单列市、地、市（县）级计划，不属于上述计划的项目此栏划（/）表示。

四、服务内容、方式和要求

属技术服务，此条款填写特定技术问题的难度和范围，主要技术经济指标及效益情况，具体的做法、手段、程序以及交付成果的形式。

属技术培训，此条款填写培训内容和要求，以及培训计划、进度。

属技术中介，此条款填写中介内容和要求。

五、工作条件和协作事项

包括甲方为乙方提供的资料、文件及其他条件，双方协作的具体事项。

六、本合同书中，凡是当事人约定认为无需填写的条款，在该条款填写的空白处划（/）表示。

依据《中华人民共和国合同法》的规定，合同双方就……综合利用研究项目的技术服务经协商一致，签订本合同。

一、服务内容、形式和要求

1. 试验方法：……研究和田间试验法。

2. 研究内容：

（1）……必要性及安全性评价（目的：1）摸清……元素是否超标，评价其是否可以……；2）探明……是否可以……，这将能够极大程度降低企业实现……资源化的直接成本。

（2）……、……添加比例（目的：1）摸清……与……和……配合的适当比例，判断标准为制成产品的吸湿性及相应元素的含量。

（3）……能力的定量化评价（目的：……在……中的用量从××公斤到××公斤不等，本实验的主要目的是……等大幅度降低。

（4）……等产品在……上的施用技术（目的：1）为以……为原料的……试验报告；2）探明适合于……地区农民操作习惯的……的具体施用方式和施用量，为……在该地区的推广提供依据。

（5）……等产品在……的施用技术（目的：1）探明适合于……大棚……农民操作习惯的……的具体施用方式和施用量，为……在该地区的推广提供依据）。

(6) 利……作为……的可实施性（目的：1）采用室内模拟试验，探明利用……制作大棚用……的可行性及可操作性，申请实用新型专利××项，成果甲乙双方共享。试验方案及预算见附件。

3. 技术要求：

(1) 提出……调节……的合适用量范围；

(2) 提出……作为……的可实施性。

依据《中华人民共和国合同法》的规定，合同双方就……综合利用研究项目的技术服务经协商一致，签订本合同。

4. 工作进度及考核指标：

时间	研究内容	经费及考核指标
20××年××月××日—20××年××月××日	1）对……进行安全性评价； 2）进行……必要性的研究； 3）研究……、……的添加比例。	经费：××万元。 考核指标：于××月××日前，提交安全性评价报告、……必要性、……和……添加比例的试验报告××份
20××年××月××日—20××年××月××日	在福建……布置××个田间试验为20××年××月，……的登记申请提供试验报告。	经费：××万元。 考核指标：于20××年××月××日前，提交田间试验报告××份
20××年××月××日—20××年××月××日	1）进行……能力的研究并进行定量化评价； 2）开展利用……作为……的可实施性研究；	经费：××万元。 考核指标：于20××年××月××日前，提交……评价试验报告××份；提交利用……作为……研究报告××份
20××年××月××日—20××年××月××日	1）进行……等产品在……的试验技术研究； 2 进行……等产品在……施用技术研究。	经费：××万元。 考核指标：于20××年××月××日前，提交……等产品在……和……上的试验报告各××份

二、工作条件和协作事项

1. 乙方根据甲方提出的工作目的和要求，按时、按质、按量完成甲方提出的工作任务；

2. 在合同约定期限内，甲方向乙方提供合同规定的试验经费、目标试验材料，进行必要的工作协作；

3. 合同执行过程中，发生的超出预算（附件）所列项目的不可预见费如田间租地费（包括因人力不可抗拒原因造成的租地费上涨，地力损失赔偿款）等费用由甲方支付；

4. 在田间试验点交通不便时，甲方应积极协助乙方解决交通的问题；

5. 合同结束时，乙方需书面向甲方提供项目技术总结报告和研究结果。

6. 在合同执行中，甲方若需乙方提供超出合同范围的服务，应进行商议，并另签合同。

三、履行期限、地点和方式

本合同自 20××年××月××日至 20××年××月××日在……、……等地履行。开展室内和田间试验研究，提供技术研究报告。

四、验收标准和方式

技术服务按甲乙双方确定的试验技术方案的相关标准，采用书面技术研究报告（包括图片）方式验收，由甲方出具服务项目验收证明。

本合同服务项目的保证期为 ××月 。在保证期内发现服务缺陷的，乙方应当负责返工或者采取补救措施。但因甲方使用、保管不当引起的问题除外。

五、报酬及其支付方式

（一）本项目报酬（技术服务报酬大写）：……万元。

（二）支付方式。第一次支付……万元整，时间：自本合同签订 7 天内支付。第二次（20××年××月××日前）支付……万元整。第三次（20××年××月××日前）支付……万元整。

六、违约金或者损失赔偿额的计算

违反本合同约定，违约方应当按照《中华人民共和国合同法》有关条款的规定承担违约责任。

（一）违反本合同第二款 1 条约定，乙方应承担相应违约责任。

（二）违反本合同第二款 2 条约定，甲方应承担相应违约责任。

七、解决合同纠纷的方式

在履行本合同的过程中发生争议，双方当事人和解或调解不成，可采取仲裁或按司法程序解决。

（一）双方同意由北京市仲裁委员会仲裁。

（二）双方约定向合同履行地的人民法院起诉。

八、其他

<table>
<tr><td rowspan="8">委托人
（甲方）</td><td>名称（或姓名）</td><td colspan="3">（签章）</td><td rowspan="8">技术合同
专用章或
单位公章

年　月　日</td></tr>
<tr><td>法定代表人</td><td colspan="3">（签章）</td></tr>
<tr><td>委托代理人</td><td colspan="3">（签章）</td></tr>
<tr><td>联系（经办人）</td><td colspan="3">（签章）</td></tr>
<tr><td>住所
（通信地址）</td><td></td><td>邮政编码</td><td></td></tr>
<tr><td>电话</td><td></td><td>传真</td><td></td></tr>
<tr><td>开户银行</td><td colspan="3"></td></tr>
<tr><td>账号</td><td colspan="3"></td></tr>
<tr><td rowspan="8">受托人
（乙方）</td><td>名称（或姓名）</td><td colspan="3">……院……研究所　（签章）</td><td rowspan="8">技术合同专用章
或
单位公章

年　月　日</td></tr>
<tr><td>法定代表人</td><td colspan="3">（签章）</td></tr>
<tr><td>委托代理人</td><td colspan="3">（签章）</td></tr>
<tr><td>联系（经办人）</td><td colspan="3">……　（签章）</td></tr>
<tr><td>住所
（通讯地址）</td><td>……</td><td>邮政编码</td><td>××</td></tr>
<tr><td>电话</td><td>××</td><td>传真</td><td>××</td></tr>
<tr><td>开户银行</td><td colspan="3">……</td></tr>
<tr><td>账号</td><td colspan="3">××</td></tr>
</table>

印花税票粘贴处

登记机关审查登记栏：

经办人：

技术合同登记处机关（专用章）

年　月　日

……综合利用研究方案
……院……研究所

1. 研究必要性及目的

……

鉴于此，本研究拟采用……研究与田间研究相结合的方法，开展如下××个方面的研究，为……的综合利用及推广提供科学依据：

（1）……必要性及安全性评价；

（2）……、……添加比例；

（3）……能力的定量化评价；

（4）……为原料的……登记试验

（5）……等产品在……的施用技术；

（6）……等产品在……的施用技术。

（7）利用……作为……的可实施性；

2. 研究方案及预算

20××年工作部分。

（1）……必要性、……必要性及可行性和安全性评价。

——研究内容

主要采取连续采样法结合……等分析手段，研究……和……工艺……及其水洗液中……和其他作物必需营养元素（……等）的含量；确定水洗工艺的必要性，若必要，则进行……生产可行性分析，并提交简要的可行性分析报告（包括经济效益分析）。

……

——预算金额

预算金额为××万元。主要用于：①研究所管理费及税费（总额的××%，即××万元）；②样品分析测试（××万元）、实验室占用费（××万元）、材料费及劳务费等（共计××万元）。

——研究进度

20××年××月××日前完成安全性评价及水洗必要性及工艺报告。

（2）……、……添加比例。

主要采取物理混合、培养、干燥等方法，研究……与……等的合理化配比。观察……等元素的含量等。

——预算金额

预算金额为××万元。主要用于：①研究所管理费及税费（总额的××%，即××万元）；②样品分析测试费（××万元）、实验室占用费（××万元）、材料费及劳务费等（共计××万元）。

——研究进度

20××年××月××日前完成。

（3）……为原料的……登记试验。

试验一

——试验设计

——……用量设计：……

——……方式设计：……

——供试土壤

要求土壤pH值小于4.5~5.0。

——供试作物　……

——测试指标

——土壤pH、……。

——作物产量、……

——分析经济效益

试验二

——试验设计

——……用量设计：……

……方式设计：……

——供试土壤

要求土壤pH值4.5~5.0。与上面那个试验地点隔开大于10公里左右。

——供试作物　……

——测试指标

——土壤pH、……。

——作物产量、……

分析经济效益

——预算金额

预算金额为××万元。主要用于：（1）研究所管理费及税费（总额的××%，即××万元）；（2）样品分析测试费（××万元）、实验室占用费（××万元）、材料费及劳务费等（共计××万元）。

——研究进度

20××年××月××日前完成。

（4）……评价。

——研究内容

主要采用……方法，研究……及……对……的调节能力。其中室内模拟研究……类型不少于××种（……），同种……质地为××种，每个……不少于××个。初步得出……的……的定量关系；在……采集……样本，对上述结果进行验证。最后得出……的……能力的定量关系，为……。

——预算金额

预算金额为××万元。主要用于：①研究所管理费及税费（总额的××%，即××万元)；②样品分析测试（××）、实验室占用费（××万元）、差旅住宿费及材料费、劳务费等（共计××万元）。

——研究进度

20××年××月××日前完成研究任务。

（5）利用……作为……的可实施性。

——研究内容

主要采用室内试验和文献分析相结合的方法，研究利用……作为……的可实施性性。

——预算金额

预算金额为××万元。主要用于：（1）研究所管理费及税费（总额的××%，即××万元)；（2）样品分析测试（××万元）、实验室占用费（××万元）、差旅住宿费及劳务费、材料费等（共计××万元）。

——研究进度

20××年××月××日前完成研究任务。

20××年工作部分内容

（6）……等产品在……上的施用技术

——研究内容

主要采用……试验和……试验相结合的方法，研究该……产品在……和……的施用技术（用量和施用方式）。……试验选择××种土壤，××个作物。……试验每个地点××个试验，作物××个。

——预算金额

预算金额为××万元。主要用于：①研究所管理费及税费（总额的××%，即××万元)；②样品分析测试（××万元）、实验室占用费（××万元）及差旅住宿费、劳务费及材料费等（共计××万元）。

——研究进度

20××年××月××日前完成研究任务。

（7）……等产品在……的施用技术

——研究内容

主要采用……试验和……试验相结合的方法，研究该……产品在……的施用技术（用量和施用方式）。……试验选择××种土壤，××个作物。……试验××个试验，作物××个。

——预算金额

预算金额为××万元。主要用于：①研究所管理费及税费（总额的××%，即××万元)；②样品分析测试（××万元）、实验室占用费（××万元）、材料费、差旅住宿费及劳务费等（共计××万元）的支付。

——研究进度

20××年××月××日前完成研究任务。

附录　科研项目经费预算编制制度

1. 科研项目经费预算编制基础类制度

（1）中华人民共和国科学技术进步法（主席令 2007 年第 82 号）

（2）中华人民共和国预算法（2014 修正）（主席令 2014 年第 12 号）

（3）中华人民共和国审计法（主席令 2006 年第 48 号）

（4）中华人民共和国会计法（主席令 1999 年第 24 号）

（5）中华人民共和国票据法（主席令 1995 年第 49 号）

（6）中华人民共和国政府采购法（主席令 2002 年第 68 号）

（7）国家中长期科学和技术发展规划纲要（2006—2020 年）

（8）国务院关于印发实施《规划纲要》若干配套政策的通知（国发〔2006〕6 号）

（9）国务院关于实行中期财政规划管理的意见（国发〔2015〕3 号）

（10）国务院关于深化预算管理制度改革的决定（国发〔2014〕45 号）

2. 科研项目经费预算编制改革类制度

（1）《关于进一步做好中央财政科研项目资金管理等政策贯彻落实工作的通知》（财科教〔2017〕6 号）

（2）《关于进一步完善中央财政科研项目资金管理等政策的若干意见》）（中办发〔2016〕50 号）

（3）《国家重点研发计划政府间国际科技创新合作重点专项项目预算编报指南》2016 年 7 月

（4）《关于国家重点研发计划重点专项预算管理有关规定（试行）的通知》（财办教〔2016〕25 号）

（5）科技部 财政部关于印发《中央财政科技计划（专项、基金等）监督工作暂行规定》的通知（国科发政〔2015〕471 号）

（6）《国务院印发关于深化中央财政科技计划（专项、基金等）管理改革方案的通知》（国发〔2014〕64 号）

（7）《国务院关于改进加强中央财政科研项目和资金管理的若干意见》（国发〔2014〕11 号）

（8）科技部关于印发《关于进一步加强国家科技计划项目（课题）承担单位法人责任的若干意见》的通知（国科发计字〔2012〕86 号）

（9）《财政部 科技部关于调整国家科技计划和公益性行业科研专项经费管理办法若干规定的通知》（财教〔2011〕434 号）

（10）国务院办公厅转发《财政部 科技部关于改进和加强中央财政科技经费管理

若干意见》的通知（国办发〔2006〕56号）

（11）国务院办公厅转发《科技部等部门关于国家科研计划实施课题制管理规定的通知》（国办发〔2002〕2号）

3. 国家科技计划预算编制制度

（1）关于印发《国家科技重大专项知识产权管理暂行规定》的通知（国科发专〔2010〕264号）

（2）国家科技重大专项管理暂行规定（国科发计〔2008〕453号）

（3）《国务院办公厅关于印发组织实施科技重大专项若干工作规则的通知》（国办发〔2006〕62号）

（4）关于印发《关于加强国家科技计划知识产权管理工作规定》的通知（国科发政字〔2003〕94号）

（5）国务院办公厅转发科技部 财政部关于国家科研计划项目研究成果知识产权管理若干规定的通知（国办发〔2002〕30号）

（6）民口科技重大专项后补助项目（课题）资金管理办法（财教〔2013〕443号）

（7）财政部关于民口科技重大专项项目（课题）预算调整规定的补充通知（财教〔2012〕277号）

（8）财政部 科技部 发展改革委关于印发《民口科技重大专项资金管理暂行办法》的通知（财教〔2009〕218号）

（9）《民口科技重大专项资金与预算管理问答》2009年9月

（10）《科技重大专项进口税收政策暂行规定》2010年8月

（11）《转基因生物新品种培育重大专项资金管理实施细则（试行）》（农办财〔2015〕153号）

（12）《转基因生物新品种培育重大专项管理办法》（农科教发〔2009〕10号）

（13）财政部 科技部关于印发《国家重点研发计划资金管理办法》的通知（财科教〔2016〕113号）

（14）财政部 科技部关于印发《国家科技计划及专项资金后补助管理规定》的通知（财教〔2013〕433号）

（15）财政部 科技部《关于调整国家科技计划和公益性行业科研专项经费管理办法若干规定》的通知（财教〔2011〕434号）

（16）科技部关于印发《国家科技计划和专项经费监督管理暂行办法》的通知（国科发财字〔2007〕393号）

（17）科技部关于印发《国家科技计划项目概算和课题预算编报指南》的通知（国科发财字〔2007〕241号）

（18）《国家国际科技合作专项管理办法》（国科发外〔2011〕376号）

（19）财政部 科技部关于印发《国际科技合作与交流专项经费管理办法》的通知（财教〔2007〕428号）

（20）《国家自然科学基金条例》（中华人民共和国国务院令第487号）

（21）关于印发《国家自然科学基金资助项目资金管理办法》的通知（财教

〔2015〕15号）

（22）《财政部 国家自然科学基金委员会 关于国家自然科学基金资助项目资金管理有关问题的补充通知》（财科教〔2016〕19号）

（23）《国家自然科学基金面上项目管理办法》（2011年4月12日国家自然科学基金委员会委务会议修订通过）

（24）《国家自然科学基金重点项目管理办法》（2015年12月4日国家自然科学基金委员会委务会议修订通过）

（25）《国家自然科学基金重大项目管理办法》（国科金发计〔2015〕60号）

（26）《国家自然科学基金国际（地区）合作研究项目管理办法》（2009年9月27日国家自然科学基金委员会委务会议通过）

（27）《国家自然科学基金国际（地区）合作交流项目管理办法》（国科金发外〔2014〕15号）

（28）关于印发《国家社会科学基金项目资金管理办法》的通知（财教〔2016〕304号）

（29）全国哲学社会科学规划领导小组关于印发《国家社会科学基金项目管理办法》的通知（社科规划领字〔2001〕1号）

（30）《国家重点实验室建设与运行管理办法》（国科发基〔2008〕539号）

（31）关于印发《国家重点实验室专项经费管理办法》的通知（财教〔2008〕531号）

4. 部门科技专项经费预算编制制度

（1）关于印发《中央级公益性科研院所基本科研业务费专项资金管理办法》的通知（财教〔2016〕268号）

（2）《农业部基本科研业务费专项资金管理办法》（农办人才〔2016〕85号）

（3）中国农业科学院关于印发《中国农业科学院基本科研业务费专项管理实施细则》的通知（农科院科〔2016〕314号）

（4）农业部　财政部关于印发《现代农业产业技术体系建设实施方案（试行）》的通知（农科教发〔2007〕12号）

（5）财政部 农业部关于印发《现代农业产业技术体系建设专项资金管理试行办法》的通知（财教〔2007〕410号）

（6）《中国农业科学院科技创新工程经费管理办法》（试行）（农科院财〔2014〕131号）

（7）《中国农业科学院科技创新工程专项经费管理实施细则》（试行）（农科院办〔2014〕238号）

（8）《引进国外人才专项费用管理暂行办法》（外专发〔1999〕163号）

（9）财政部 国家外国专家局关于印发《因公短期出国培训费用管理办法》的通知（（财行〔2014〕4号））

（10）《国家外国专家局引进国外智力软科学研究项目管理办法》（外专发〔2014〕45号）

（11）国家外国专家局、财政部关于调整中长期出国（境）培训人员费用开支标准的通知（外专发〔2012〕126号）

（12）国家外国专家局关于印发《引进人才专家经费管理实施细则》的通知（外专发〔2010〕87号）

5. 财政专项预算编制制度

（1）关于加快推进中央本级项目支出定额标准体系建设的通知（财预〔2015〕132号）

（2）财政部关于印发《中央部门预算绩效目标管理办法》的通知（财预〔2015〕88号）

（3）关于加强中央部门预算评审工作的通知（财预〔2015〕90号）

（4）财政部关于加强和改进中央部门项目支出预算管理的通知（财预〔2015〕82号）

（5）财政部关于推进中央部门中期财政规划管理的意见（财预〔2015〕43号）

（6）关于印发《预算绩效管理工作规划（2012—2015年）》的通知（财预〔2012〕396号）

（7）财政部关于印发《预算绩效管理工作考核办法（试行）》的通知（财预〔2011〕433号）

（8）财政部关于推进预算绩效管理的指导意见（财预〔2011〕416号）

（9）财政部关于印发《财政支出绩效评价管理暂行办法》的通知（财预〔2011〕285号）

（10）财政部关于印发《中央部门财政拨款结转和结余资金管理办法》的通知（财预〔2010〕7号）

（11）财政部关于印发《中央本级项目支出定额标准体系建设实施方案》的通知（财预〔2009〕404号）

（12）《中央本级项目支出定额标准管理暂行办法》（财预〔2009〕403号）

（13）《中央本级项目支出预算管理办法》（财预〔2007〕38号）

（14）关于政府购买服务有关预算管理问题的通知（财预〔2014〕13号）

（15）《事业单位国有资产管理暂行办法》（财政部令第36号）

（16）财政部关于进一步规范和加强中央级事业单位国有资产管理有关问题的通知（财教〔2010〕200号）

（17）财政部关于《中央级事业单位国有资产使用管理暂行办法》的补充通知（财教〔2009〕495号）

（18）财政部关于印发《中央级事业单位国有资产管理暂行办法》的通知（财教〔2008〕13号）

（19）《中央级科学事业单位修缮购置专项资金管理办法》（财教〔2006〕118号）

6. 农业部部门项目预算编制制度

（1）《农业部部门预算项目管理办法》（农财发〔2016〕77号）

（2）农业部办公厅关于印发《农业财政项目绩效评价规范》和《农业部财政项目

绩效评价工作规程（试行）》的通知（农办财〔2012〕7号）

（3）农业部关于加强农业财政专项资金管理的通知（农财发〔2006〕16号）

（4）《农业部政策研究课题经费管理暂行办法》（农财发〔2016〕49号）

（5）《农业政策研究经费综合定额标准》（农办财〔2015〕49号）

（6）《农业部软科学委员会章程》2014年8月

（7）《农业部软科学委员会课题管理办法》

（8）农业部关于印发《农业生态环境保护专项经费管理暂行办法》的通知（农财发〔2011〕147号）

（9）农业部关于印发《农作物病虫鼠害疫情监与防治经费管理暂行办法》通知（农财发〔2011〕149号）

（10）农业部关于印发《农产品质量安全监管专项经费管理暂行办法》的通知（农财发〔2011〕152号）

（11）农业部办公厅关于印发《农业检测检验检疫费用资金管理暂行办法》等六个管理办法的通知 农办财〔2012〕14号

（12）《农业部所属预算单位修缮购置项目经费管理办法》（农办财〔2016〕32号）

（13）《农业部重大信息平台构建及运维专项经费管理办法》（农办财〔2016〕29号）

（14）农业部办公厅关于印发《农业部重大专用设施运行费管理办法》的通知（农办财〔2016〕33号）

（15）《农业部科学事业单位修缮购置专项资金管理实施细则》（农办财〔2009〕48号）

7. 经费预算支出编制制度

（1）《中央和国家机关工作人员赴地方差旅住宿费明细表》的通知（财行〔2016〕71号）

（2）《财政部关于调整中央和国家机关差旅住宿费标准等有关问题的通知》（财行〔2015〕497号）

（3）《中央财政科研项目专家咨询费管理办法》（财科教〔2017〕128号）

（4）《中央和国家机关差旅费管理办法》（财行〔2013〕531号）

（5）《中国农业科学院关于印发差旅费管理办法（试行）的通知》（农科院财〔2016〕235号）

（6）《中央和国家机关会议费管理办法》（财行〔2016〕214号）

（7）《农业部会议费管理办法》（农财发〔2013〕164号）

（8）《中国农业科学院会议管理办法（试行）》（农科院办〔2016〕237号）

（9）农业部办公厅关于印发〈进一步规范专家咨询费等报酬费用发放与领取管理的若干规定〉的通知》（农办发〔2016〕17号）

（10）《中国农业科学院专家咨询费等报酬费用管理办法（试行）》（农科院财〔2016〕277号）

（11）财政部关于印发《中央和国家机关培训费管理办法》的通知（财行〔2013〕

523 号）

（12）关于印发《因公短期出国培训费用管理办法》的通知（财行〔2014〕4 号）

（13）关于印发《因公临时出国经费管理办法》的通知（财行〔2013〕516 号）

（14）财政部关于印发《中央和国家机关外宾接待经费管理办法》（财行〔2013〕533 号）

（15）中共中央办公厅、国务院办公厅印发《党政机关国内公务接待管理规定》（中办发〔2013〕22 号）

（16）《在华举办国际会议经费管理办法》（财行〔2015〕371 号）

（17）《外国文教专家经费管理暂行办法》（外专发〔2016〕85 号）

（18）《中国农业科学院因公临时出国（境）管理办法》（农科院国合〔2016〕282 号）

（19）《中国农业科学院因公临时出国（境）经费实施细则》农科院国合〔2016〕281 号）

致　　谢

在目前科研预算管理制度下，科研项目预算编制是否科学合理，预算资源分配是否公平公正，预算资金安排是否安全有效，已成为科研工作能否顺利推进的重要基础和前提。近几年来，科研经费增长速度较快，预算编制整体水平不断提高，但是仍然存在报“天书”的现象，个别科研人员预算申报金额脱离实际，测算依据简单模糊，与研究内容关联程度不高，预算严重失真，最终导致预算评审未过或大幅度的预算调减，影响了科研项目申报效率。

针对农业科研经费预算编报问题，中国农业科学院指出要提高全院科研项目的预算意识，强调不仅要重视科研项目申请，也要高度重视项目预算编制，并多次提出在财务管理制度建设中要深入落实中办发〔2016〕50号文件精神，切实提高各基层单位预算编制水平，增强各单位保障发展科研事业的能力。

为此，中国农业科学院财务主管部门组织财务管理和科研管理专家们，开展大量调查研究，最终编写完成本书，希望能够对农业科研经费预算编制工作起到一定的推动作用。

在本手册编写过程中，得到了财政部、科技部、教育部、国家自然基金委、农业部等有关部门的指导和支持，得到了中国科学院、中国社会科学院等兄弟单位有关专家的帮助，中国农业科学院科技局、国际合作局、作物科学研究所、农业资源与农业区划研究所、植物保护研究所、农业经济与发展研究所、农业信息研究所、哈尔滨兽医研究所、水稻研究所、油料作物研究所、茶叶研究所、棉花研究所等单位的领导和同事给予了大力支持，在此表示由衷的感谢！同时感谢本手册中所用的项目申报模板所属项目主持人！